AF461753

ÉTUDE

SUR

L'OPPORTUNITÉ ET LES MOYENS DE DESSÉCHER

ET DE METTRE EN CULTURE

LE BASSIN DU LAC MENZALEH

PAR

Olivier RITT.

BIBLIOTHÈQUE NATIONALE
R.F.

ALEXANDRIE.

IMPRIMERIE NOUVELLE, RUE DE L'ÉGLISE-ANGLAISE, 10

1868.

BIBLIOTHÈQUE NATIONALE RF IMPRIMÉS

Un examen attentif de la carte de la Basse-Egypte permet de comprendre la merveilleuse richesse territoriale de cette contrée. Il est difficile de pousser plus loin l'art d'utiliser, avec les procédés les plus simples, l'eau du Nil, dont le limon possède de si fécondes propriétés. Cette eau est emmagasinée, puis répartie entre une multitude de canaux, avec une intelligence et un soin remarquables. Si quelque portion du pays parait laissée de côté, alors que la topographie semblerait comporter sa participation aux bienfaits de cette vaste irrigation, on peut être à peu près certain que cet abandon se justifie, soit par l'insuffisance du débit des canaux avoisinants, soit par le manque de bras.

Il est pourtant toute une région que sa situation et bien des circonstances exceptionnellement favorables désignent pour être conquise à la culture et qui n'en reste pas moins envahie par des eaux salées et misérablement exploitées pour la pêche seule. Je veux parler du lac Menzaleh.

La question de l'assèchement de cet immense bassin et de son appropriation à la culture est une de celles qui m'ont le plus vivement frappé, et une étude approfondie du problème m'a amené à cette conclusion qu'il est possible de le résoudre. J'ajouterai que jamais occasion plus opportune ne saurait se présenter pour l'essayer.

Dans cette conviction, j'ai réuni un grand nombre de renseignements essentiels et élaboré un projet que je soumets à l'opinion publique. Loin de moi la prétention de présenter un travail définitif, où l'expérience des ingénieurs et des agriculteurs trouverait sans doute beaucoup à répondre. J'ai cru seulement faire quelque chose d'utile, en livrant à l'étude de tous un sujet dont l'intérêt et l'actualité sont incontestables, de nombreux éléments puisés aux sources que je crois les meilleures aujourd'hui. Bien que les chiffres admis dans le cours du présent travail n'offrent qu'une approximation assez large, ils peuvent servir de base à un projet technique, si l'on considère qu'ils sont presque tous établis au vu de documents authentiques pris sur place et en se mettant dans les hypothèses les plus désavantageuses.

Ces explications préliminaires données, j'entre immédiatement en matière, après avoir divisé mon sujet en neuf parties, savoir :

I. — Nullité du rapport actuel, comparé à ce qu'il pourrait être ;

II. — Conditions à réaliser pour la transformation projetée ;

III. — Opportunité d'une prompte réalisation et ressources immédiates ;

IV. — Programme des travaux à exécuter ;

V. — Moyens et temps de l'exécution ;

VI. — Dépenses de l'opération ;

VII. — Exploitation ;

VIII. — Moyen de se procurer les capitaux nécessaires et amortissement de la dépense ;

IX. — Créations consécutives au nouvel état de choses à réaliser.

Observation. — En abordant la question de l'appropriation du bassin du lac Menzaleh à la culture, il est intéressant de rappeler qu'un autre grand lac d'Egypte, le lac Maréotis, également contigu à la Méditerranée, a été cultivé jusqu'aux dernières années du dix-huitième siècle, et que c'est la main des hommes qui l'a fait envahir par la mer. Il est très probable, eu égard notamment à sa proximité d'Alexandrie, qu'on a déjà songé à rendre ce bassin à la culture. Mais une raison de premier ordre rendrait, je le crains, cette opération très-difficile et, en tout cas, beaucoup moins fructueuse qu'on ne pourrait le croire : cette raison, c'est l'insuffisance des ressources à portée pour l'irrigation à l'eau douce. Il est évident *à priori* qu'à ce point de vue le bassin du lac Menzaleh est bien plus favorablement situé.

I

Nullité du rapport actuel du bassin du lac Menzaleh, comparé à ce qu'il pourrait être.

Je ne m'occuperai que de la portion du lac Menzaleh comprise entre Damiette, Farescour Menzaleh, Matarieh, Kantara et Port-Saïd. Cette portion, située à l'ouest du canal maritime de Suez, et la seule qu'il y ait lieu de songer à fertiliser par l'irrigation à l'eau douce, quant à présent, a un pourtour très-irrégulier de 230 kilomètres, en comptant les échancrures qui rentrent très-avant dans les terres. Sa longueur moyenne, de l'ouest à l'est, est d'environ 55 kilomètres, et sa largeur moyenne, du nord au sud, de 30 kilomètres, y compris les régions à sec pendant une partie de l'année, au moment des basses eaux du Nil. Bien que le terrain aille en pente presque insensible et qu'ainsi les bords soient recouverts de très peu d'eau sur une large bande, on peut estimer à 1^{m} 50 la profondeur générale.

Ainsi, le lac Menzaleh, à l'ouest du canal maritime de Suez, présente une surface totale, de 55,000 × 30,000 = 1,650,000,000 mètres carrés, soit 165,000 hectares, et une capacité de 1,650,000,000 × 1,50 = 2,475,000,000 mètres cubes.

La question de savoir si le bassin du lac Menzaleh a été, autrefois, entièrement cultivé, ou s'il provient des alluvions du Nil, est controversée. Quoi qu'il en soit du régime antérieur auquel il était soumis, le régime actuel consiste pour ainsi dire exclusivement dans la pèche, avec quelques transports accessoires par barques et la chasse aux oiseaux aquatiques, industries qui font vivre assez pauvrement une population d'environ 3000 à 4000 hommes, possédant une flottille de 400 barques, dont la coupe et la voilure sont fort originales, mais dont la valeur en bloc est très médiocre.

Il est difficile d'estimer ce que rapporte cet état de choses. Seulement quelques éléments connus permettent de l'apprécier approximativement. La pêche, principale ou mieux unique source de revenu, est affermée, et le bruit public porte à 1,500,000 fr. par an le produit de fermage du gouvernement. A supposer que ce chiffre ne soit pas exagéré, on ne saurait penser qu'il représente moins de moitié du produit total en argent. Ce serait donc, en tout et au maximum, 3,000,000 fr. que produirait par an le régime actuel.

Rapprochons de ce résultat celui que l'on obtiendrait en transformant le bassin du lac Menzaleh en terres cultivables. Eu égard aux conditions particulières dans lesquelles on se trouverait, la supposition la plus rationnelle est que la première culture à introduire après assèchement serait celle du ziz. Aussi bien, c'est cette culture que l'on a adoptée de préférence dans les environs de Damiette, où le sol, sauf qu'il est plus élevé et déjà dessalé, présente sensiblement les mêmes qualités. Or, à en juger par les admirables revenus des rizières de Damiette, et en faisant la part la plus large aux causes d'infériorité des produits similaires à espérer de la culture du bassin du lac Menzaleh pendant les premières années de la transformation, voici ce que l'on obtiendrait.

Le feddan de terrain fournit environ 2 ardebs 1/2 de riz, et le riz de moindre apparence se vend 250 à 280 piastres tarif l'ardeb ; mettons 250 piastres. Chaque feddan rapporterait donc 625 piastres tarif. L'hectare contenant 2 feddans 1/3, l'ardeb correspondant à 170 litres, et la piastre tarif étant comptée pour 0 fr. 26, le produit annuel à l'hectare serait, en moyenne approximative, de 10 hectolitres en nature et de 380 francs en argent.

On a vu plus haut que le lac présente, dans la seule partie que nous considérons, une surface de 165,000 hectares. Il convient de retrancher de cette superficie une certaine étendue, pour tenir compte des terrains à transformer en digues, en terre pleins pour villages, en canaux, etc., et aussi des terrains que, malgré tous les efforts, on ne peut guère espérer de transformer (terrains bordant la mer ou le canal maritime). Mais c'est faire une bien large part à toutes ces non-valeurs, que de leur attribuer 35,000 hectares. Admettons pourtant ce chiffre, pour rester dans des conditions indiscutables. La superficie du bassin à approprier à la culture du riz sera encore de 130,000 hectares et le produit brut de 130,000 × 380, soit 50,000,000 francs par an, en chiffres ronds.

J'essaierai de démontrer (partie VIII) que toutes les dépenses à faire pour arriver à ce rendement seront amorties en 15 années. Les frais de fonctionnement des engins à conserver pour l'exploitation et les frais de culture proprement dits n'absorberont certainement pas 50 p. % du rapport brut, même dans les conditions où l'on se trouvera, dès que les trois ou quatre premières années de culture seront passées. Le revenu annuel net du bassin du lac Menzaleh transformé serait donc, au bout de quinze à vingt années, de 25,000,000 fr. Ce simple rapprochement se passe de tout commentaire et justifierait une opération encore plus considérable que celle qui va être développée. On entrevoit toutefois immédiatement qu'il y a d'autres résultats aussi précieux à attendre de l'opération. Je les passerai en revue dans la partie IX.

II

Conditions à réaliser pour la transformation projetée.

On ne saurait évidemment songer à dessécher une nappe d'eau comme le lac Menzaleh en se contentant de fermer sa communication avec la mer et d'aider, au besoin, l'évaporation, au moyen d'engins d'épuisements, si puissants qu'ils soient. Ce serait impraticable d'une manière absolue et, d'un autre côté, l'assèchement du bassin n'est qu'une des conditions du programme très complexe à réaliser.

Examinons ces conditions et cherchons si et comment chacune d'elles peut être remplie.

1° Puisque le terrain doit être travaillé en vue de la culture, la première préoccupation doit être de savoir s'il y aura, à proximité et en assez grande abondance, l'eau douce indispensable, d'abord pour dessaler, puis pour arroser cette vaste superficie.

A cela, la réponse est indiquée. Il suffit de suivre la carte de la Basse-Egypte, pour se rendre compte qu'il existe dès à présent des canaux d'un débit considérable se déversant à volonté dans le lac Menzaleh, et qu'il sera possible d'augmenter dans une très forte proportion ce débit, par l'ouverture d'autres canaux dont l'exécution se justifierait à d'autres points de vue très intéressants.

L'eau du Nil se jette actuellement dans le lac Menzaleh par deux branches, la branche Tanitique et la branche Pélusiaque, et par un assez grand nombre de ramifications secondaires, dont une seule, celle de Tell-El-Daphné, a une certaine importance. Pendant six mois de l'année, correspondant au bas étiage du Nil, l'eau douce n'arrive que faiblement jusqu'à l'extrémité de ces ramifications du Nil; on est même obligé d'y établir des barrages, pour s'opposer au mélange de cette eau avec l'eau salée du lac. Mais, pendant les six autres mois, et surtout au plus haut de l'étiage, le volume de l'eau douce qui se précipite vers la mer est très fort; son débouché dans la Méditerranée, à Gemileh, étant trop étroit, la masse de l'eau douce retenue se mêle aux eaux du lac et en fait monter le niveau ; ce qui s'échappe en mer a un courant assez rapide pour qu'on puisse suivre sa trace, reconnaissable à la couleur de l'eau limoneuse du Nil, jusqu'à une certaine distance hors du lac. Je ne crois pas qu'on ait fait des expériences pour calculer ce volume. C'est seulement d'après la comparaison avec le débit de canaux de même section à peu près, et en forçant grandement les chiffres pour tenir compte de la vitesse, que je l'évalue en totalité à 800,000 mètres cubes par 24 heures pendant le haut étiage, ce qui ferait ressortir à 800,000 × 30 × 6 = 144,000,000 mètres cubes le volume de l'eau douce perdu à chaque saison avec le régime actuel.

Il me paraît qu'avec un ensemble de travaux et de mesures facilement réalisables, cette quantité d'eau douce pourrait être quintuplée et utilisée pour la culture. Tout d'abord, jusqu'ici le Gouvernement n'avait aucun intérêt à entretenir en bon état de creusement ou d'alimentation l'extrémité de ramifications du Nil dont l'eau s'échappait en pure perte. Il s'en est suivi que, pendant une partie de l'année, comme je viens de le dire, cette extrémité est privée d'eau et que, pendant l'autre partie, le débit, si considérable qu'il paraisse, est bien moindre que ce qu'il serait avec des curages convenablement renouvelés. Ce n'est pas exagérer que de doubler le débit annuel pour avoir ce que l'on obtiendra quand les motifs actuels d'abandon n'existeront plus. Cette première amélioration porterait donc à 288,000,000 de mètres cubes le volume d'eau douce disponible dans l'année.

En second lieu, il y a deux canaux dont la nécessité se fera sentir, du moment où l'on exécutera le projet de cultiver le bassin du lac Menzaleh. Le premier aurait sa prise d'eau au Nil directement à Farescour; le second, du Nil également, à Damiette. Ces deux canaux, dirigés de l'ouest et à l'est, et auxquels il conviendra de donner une grande section, fourniraient aisément chacun 200,000 mètres cubes par jour, pendant les six mois du bas étiage, et 600,000 mètres cubes pendant les six autres mois, soit, chacun, par an, (200,00 × 30 × 6) + (600,000 × 30 × 6) = 144,000,000 mètres cubes.

Deux autres canaux, dont le débit sera moindre et dont l'exécution sera commandée par des circonstances d'un autre ordre, viendraient augmenter le volume d eau douce à fournir au bassin du lac Menzaleh. L'un aurait sa prise d'eau à Abou-Ahmed, dans le canal de l'Ouadi, et irait, de l'ouest à l'est, aboutir à Kantara, en suivant à peu près la route de la Syrie; l'autre aurait sa prise d'eau à Néfiche, en face de l'origine du canal qui alimente Suez, et, contournant Bir-Abou-Soar et les lacs Ballah, irait aboutir, du sud au nord, à Kantara également. Ces deux derniers canaux, ne s'embranchant pas directement sur le Nil et ayant une pente modérée au plafond, fourniraient, bien qu'ayant même section que les deux précédents, 100,000 mètres cubes seulement par jour chacun, pendant les six mois de basses eaux, et 250,000 mètres cubes, pendant les six autres mois, soit (100,000 × 30 × 6) + (250,000 × 30 × 6) = 63,000,000 mètres cubes par an.

Ensemble, on aurait donc, chaque année :

Par les ramifications actuelles améliorées	288,000,000 M. C.
Par les deux canaux partant de Farescour et de Damiette	288,000,000
Par les deux canaux partant d'Abou-Ahmed et de Néfiche . . .	126,000,000
Total . . .	702,000,000

Je reviendrai (partie IV) sur la construction des nouveaux canaux dont il vient d'être question. Pour le moment, il me suffit d'avoir donné une idée du débit d'eau douce sur lequel on pourra compter, pour le dessalement, puis pour l'irrigation du bassin du lac. J'ajouterai que, par suite d'assèchement incomplet ou de suintements, la quantité d'eau totale sera plus grande dans ledit bassin, et que le riz vient très bien dans des terrains arrosés à l'eau non complètement douce.

2° En laissant tel qu'il est, après l'avoir asséché, le bassin du lac Menzaleh, il serait impossible d'y essayer aucune culture. L'eau douce ne s'y répandrait que pendant une saison de l'année, elle s'écoulerait rapidement et traverserait seulement le sillon déjà creusé par elle, ou les abords de ce sillon, de sorte que le reste du bassin n'en profiterait pas. Il faut donc, après s'être assuré de l'existence de l'eau douce nécessaire à l'irrigation, pourvoir aux moyens de la retenir, de l'emmagasiner et de la répartir sur toute la superficie à livrer à la culture.

Pour arriver à ce but, il faut creuser des canaux ayant une capacité suffisante et un tracé qui permette de desservir tout le bassin. On comprend qu'à supposer même la possibilité du dessèchement préalable du lac par l'évaporation aidée de moyens mécaniques, le creusement de pareils canaux ne s'exécuterait qu'après un très long délai et au prix de difficultés presque insurmontables. Il est évident, en effet, que le sol resterait pendant bien longtemps tellement saturé d'humidité que, dans certaines parties surtout, il y aurait le plus grand danger à s'y aventurer.

Comment, alors, procéder au creusement des canaux dont nous nous occupons? En commençant par là, au moyen de dragages. Les parties IV et V présentent à cet égard tout un projet détaillé, comprenant l'exécution, avant dessèchement, de deux grandes artères longitudinales AA' et BB', et de onze canaux transversaux aa', bb', etc., qui offriraient un développement de 583 kilomètres, dont le réseau couvrirait la nappe entière et dont le creux total serait de 12,908,000 mètres cubes.

3° Eu égard à l'extrême perméabilité du sol, surtout pendant les premières années, il convient de créer, dès les débuts, des levées de terre formant chemins et aussi terres-pleins, où s'établiront les villages. Le projet développé dans les parties IV et V pourvoit également à ce besoin. Les dragues, en même temps qu'elles creuseront les canaux, feront les digues nécessaires, et c'est seulement quand toutes ces installations seront achevées que le dessèchement commencera. De cette façon, au fur et à mesure que les terrains seront assé-

IMPRIMÉS

chés, on les trouvera tout disposés pour entreprendre immédiatement leur culture dans les meilleures conditions.

4º Après s'être assuré que l'eau douce ne manquera pas pour dessaler, puis pour arroser le terrain ; après avoir trouvé le moyen de préparer les canaux indispensables à l'irrigation et aussi de créer les voies de communication et d'installer les villages nécessaires en vue de l'exploitation, il y a à s'occuper du dessèchement lui-même, puisque je viens de faire ressortir l'impossibilité d'assigner à cette opération capitale un autre rang dans l'exécution. Les parties IV et V présentent la solution du problème par un régime d'épuisements combinés avec l'évaporation.

5º Enfin, il importe de donner un écoulement aux eaux d'irrigation. Bien que, par suite de l'absorption et de l'évaporation, il doive se perdre une proportion notable de l'eau douce introduite dans le bassin du lac pour l'arroser, on s'exposerait au double danger, d'une part, de l'imbibition trop prolongée des terrains, et, d'autre part, de l'apparition de fièvres paludéennes, si l'on ne faisait pas en sorte que le trop plein des eaux pût être dirigé, au besoin, en dehors du bassin, notamment pendant la période du plus haut étiage. Les parties IV et V font connaître comment on pourra parvenir à ce résultat, non-seulement par la pente des canaux, qui, d'ailleurs, constitueront, de fait, un vaste système de drainage, mais aussi par le jeu combiné d'écluses et d'engins d'épuisements.

Ayant ainsi passé en revue les difficultés à vaincre et exposé le plan de la présente étude, j'aborderai, dans la partie suivante, la question d'opportunité et l'examen des ressources sur lesquelles on peut compter. Et ensuite, le problème ayant été nettement dégagé, j'en viendrai au projet de la solution.

III.

Opportunité d'une prompte réalisation, Ressources immédiates.

Toutes les circonstances concourent à rendre plus réalisable aujourd'hui qu'à toute autre époque le programme de transformation du bassin du lac Menzaleh.

Pour une opération de ce genre, trois choses sont essentielles : 1o la proximité de ressources de toute nature pour l'alimentation des travailleurs et pour le renouvellement de l'outillage; 2o une population disponible suffisante et exercée aux travaux spéciaux que l'on aura à lui demander; 3o des engins mécaniques puissants, déjà expérimentés et dont la conduite sur place soit facilement praticable.

Examinons la situation à chacun de ces trois points de vue.

Il y a une dizaine d'années, Damiette eût été le seul point d'où il aurait fallu tirer absolument tout ce qui aurait été nécessaire à l'existence des travailleurs et à l'outillage des grands travaux à entreprendre dans le lac Menzaleh. Mais les gigantesques efforts de la Compagnie du canal de Suez ont aplani complétement cette difficulté et créé le port de Port-Saïd, déjà bien approvisionné de tout, précisément de l'autre côté du lac. Il n'y a donc plus à se préoccuper de l'alimentation, Port-Saïd et Damiette y pourvoiront : Port-Saïd offrira, en outre, les plus précieuses ressources pour l'outillage et pour l'arrivage des machines et des matériaux, de quelque nature que ce soit, à se procurer en Egypte ou en Europe.

C'est encore à la Compagnie du canal maritime de Suez que l'on devra de trouver sur place l'armée de travailleurs dont on aura besoin et le matériel spécial sans lequel il faudrait renoncer à l'entreprise.

Pour les travailleurs, on sait qu'après avoir été obligée de renoncer aux contingents indigènes, la Compagnie a fait appel aux ouvriers libres. Sur la population de 35,000 âmes, de toutes professions, qui habite actuellement l'ancien désert de l'Isthme de Suez, il y a au moins une quinzaine de mille ouvriers de différentes nations, principalement des Arabes, des Grecs, des Français, des Autrichiens et des Italiens. Le creusement du canal maritime approche de son terme. Quand ce terme sera arrivé, cette armée de travailleurs, tous acclimatés, tous rompus à la fatigue et à une certaine discipline, tous habitués aux travaux qu'il y aurait à faire dans le lac et aux engins à employer à cet effet, enfin tous familiarisés entr'eux par plusieurs années de collaboration, cette armée, dis-je, sera disponible, au moins pour la plus grande partie. Quatre ou cinq mille hommes suffiront pour les besoins des premiers temps de l'exploitation du canal maritime et pour les quelques derniers travaux accessoires que la Compagnie pourra avoir à faire exécuter. On aura donc dix mille hommes disponibles, sans déplacement, et très probablement désireux de continuer à travailler dans des conditions analogues à celles pour lesquelles ils avaient été recrutés, avantage inespéré des deux côtés.

Si l'achèvement prochain des travaux du canal maritime de Suez présente une si précieuse ressource pour la main-d'œuvre, combien plus profitable encore sera la présence sur place des admirables engins méniques venus en Egypte sur les commandes de la Compagnie et des ses entrepreneurs, MM. Borel, Lavalley et Cie, qui se sont fait une page à part dans l'histoire des progrès de l'art du mécanicien. Tous ces engins auront montré leur valeur pratique dans une campagne à laquelle nulle autre ne saurait être comparée. Dragues, locomobiles, pompes d'épuisement, matériel flottant, rien ne manquera à cet approvisionnement, dont la masse est telle, qu'en réservant plus des trois quarts pour les éventualités du canal maritime, il y en aura encore une proportion disponible et en bon état de beaucoup supérieure à tous les besoins de l'opération à entreprendre dans le lac Menzaleh.

J'ajouterai à cette considération, que les ateliers parfaitement organisés de Port-Saïd offriront un approvisionnement complet de pièces de rechange; que ses dépôts de charbon de terre, continuellement renouvelés, fourniront à toutes les demandes, et que les réparations courantes ou les grosses réparations s'y feront promptement et dans des conditions de prix sur lesquelles nulle part ailleurs, en Egypte, on ne pourrait compter.

Ainsi, sous le rapport des moyens matériels voulus pour réaliser le grand travail dont il s'agit dans la présente étude, la situation est assurée et les conditions sont éminemment propices.

Si maintenant, l'on envisage la question sous le rapport de l'opportunité pour le gouvernement égyptien, on arrive également à reconnaître que le moment est réellement venu de tenter ce travail. L'ouverture du canal maritime, précédée de la création des lignes de chemin de fer, aura répondu, en Egypte, aux besoins de progrès et aux tendances actives de l'industrie de notre époque. Il est impossible que, dans un pays agricole par excellence comme l'Egypte, cet essor ne soit pas également dirigés vers les grands intérêts de la culture. Ce serait perdre une occasion peut-être unique de conquérir sur la mer une vaste région évidemment apte à être cultivée avec le plus grand succès, d'enrichir une population intéressante et de commencer à donner à toute la partie nord-est de l'Egypte comprise entre l'extrémité du Delta et le canal maritime, au moins jusqu'à la hauteur d'Ismaïlia, un aspect de prospérité en harmonie avec le merveilleux développement du commerce que la nouvelle voie liquide ouverte au monde entier doit engendrer de ce côté.

IV.

Programme des travaux à exécuter.

J'ai à développer le plan esquissé à grands traits dans la partie II.

C'est en examinant les unes après les autres les conditions à remplir pour arriver au dessèchement et à l'irrigation ultérieure du bassin du lac Menzaleh, que j'ai démontré la nécessité de commencer par sillonner ce bassin par de nombreux canaux creusés avant l'assèchement, et de contribuer à préparer l'irrigation, en ouvrant, dans les terrains supérieurs, deux canaux destinés à amener l'eau douce d'abord à Kantara.

Je veux entrer dans les détails nécessaires pour faire comprendre le réseau de canaux du bassin, pour évaluer le cube à extraire et pour faire ressortir les ouvrages accessoires qu'ils comportent. La même étude suivra pour les canaux des terrains supérieurs.

Une heureuse combinaison serait celle qui permettrait de dessécher le lac successivement en répartissant le bassin entre un certain nombre de parcelles isolées les unes des autres. On y trouverait le triple avantage d'arriver plus promptement de fait et plus sûrement à dessécher les différentes zônes du lac, de ménager aux parcelles une irrigation indépendante et de constituer un système de drainage artificiel sur la plus large échelle. Cette combinaison sera réalisée, en divisant le lac par deux grands canaux longitudinaux AA' et BB' et par onze canaux transversaux aa', bb', cc', dd', ee', ff', gg', hh', ii', kk', ll'.

Les deux canaux longitudinaux ont leur direction toute tracée. Ce sont ceux dont j'ai déjà parlé (partie II) comme devant amener directement l'eau du Nil, en reliant, le premier, Port-Saïd à Damiette, et, le second, Raz-el-Ech à Farescour, avec infléchissement vers Matarieh.

Quant aux canaux transversaux, leur position et leur direction n'étant pas commandées par l'utilité de réunir des localités déterminées, il suffirait de les tracer à peu près du sud au nord, en les distançant aussi également que possible entre eux. La longueur moyenne du lac étant de 55 kilomètres, les canaux transversaux seraient placés à 5 kilomètres l'un de l'autre. Il faudrait seulement les amorcer sur les principales ramifications du Nil aboutissant au bassin du lac Menzaleh. Le canal le plus rapproché du canal maritime a seul sa position toute déterminée et très importante; il doit longer le canal maritime, à 1 kilomètre par exemple, et relier Port-Saïd à Kantara (partie IX).

Dans ces conditions, en se reportant aux indications de la carte et en adoptant, pour plus de simplicité, des chiffres ronds, on a, pour les canaux longitudinaux et transversaux, les longueurs respectives ci-après :

Canal	AA'	50,000 mètres.
»	BB'	64,000
»	aa'	31,000
»	bb'	40,000
»	cc'	34,000
»	dd'	30,000
»	ee'	18,000
»	ff'	22,000
»	gg'	28,000
»	hh'	32,000
»	ii'	32,000
»	kk'	34,000
»	ll'	46,000
	Ensemble	461,000 mètres

J'ai dit qu'indépendamment des canaux dont il vient d'être parlé, il en est deux autres à prévoir. Le premier, CC', allant d'Abou-Ahmet à Kantara par Salaieh, présenterait un développement de. . . . . 80,000.

Le second, DD', de Néfiche à Kantara par Bir-Abou-Soar, aurait un parcours de. 42,000

L'ensemble des 15 canaux à creuser, les deux derniers seulement à bras d'homme à sec, constituerait un développement total de. . . . . 583,000 mètres

Passons maintenant à la détermination de la section à donner à tous ces canaux, afin de nous rendre compte des déblais à extraire pour les creuser.

Pour les canaux du bassin, je crois utile d'adopter le projet-type suivant : 10 mètres de largeur au plafond, talus de 2 pour 1, 2 mètres de profondeur moyenne, ce qui donne une largeur de 18 mètres à la ligne d'eau et une section de 28 mètres carrés.

Ces dimensions paraissent exagérées, au premier abord, en comparaison du profil ordinaire des canaux d'irrigation de l'Égypte. Plusieurs raisons très sérieuses me paraissent pourtant en justifier l'application. — En premier lieu, il ne faut pas perdre de vue que, surtout aux débuts de l'opération, les canaux dont il s'agit doivent aider à l'écoulement de la masse liquide qui constitue le lac ; plus ils offriront de capacité, plus leur rôle sera utile à cet égard. — En second lieu, la quantité d'eau douce qui sera amenée ultérieurement pour l'irrigation sera très considérable, principalement pendant le haut étiage. Si l'on n'a pas, pour la recevoir, un nombre suffisant de canaux de grandes dimensions (que les cultivateurs se chargeront en outre de ramifier en innombrables rigoles), le terrain sera longtemps inondé, au lieu d'être simplement traversé, ou bien il faudra perdre beaucoup d'eau surabondante, au préjudice de la durée de cette ressource essentielle. Il convient d'emmagasiner avec soin, d'employer jusqu'à la dernière goutte, pour ainsi dire, l'eau douce sur laquelle il est permis de compter. — En troisième lieu, en donnant tout d'abord une grande largeur et une grande profondeur (avec la pente voulue, bien entendu) aux canaux de la nappe du lac, on pourvoit aux exigences de l'avenir; il est évident, en effet, que la nécessité de curages ultérieurs se trouvera reculée d'autant. Et cette considération a une grande valeur, si l'on songe à la proportion énorme de limon que l'eau des canaux d'irrigation contiendra. On évalue à 1/2500 de la masse totale le volume de limon charrié par le Nil, et avec cette base la quantité totale de terre en suspension qui se perd annuellement en mer par les bouches du Nil serait de plus de cinq millions de mètres cubes. Les canaux d'irrigations du bassin du lac Menzaleh, dont deux auront leur prise d'eau directement sur le Nil, recevront sans aucun doute pour leur part au moins 300,000 mètres cubes de limon par an, dont une moitié sera répandue sur la surface du bassin par suite de l'irrigation et dont l'autre moitié, après avoir colmaté les berges des canaux, les remplira peu à peu. — En quatrième et dernier lieu, les dimensions à donner aux canaux du bassin du lac sont commandées par la nature même des engins qui doivent servir à les creuser, engins dont les dimensions (partie V) ne comportent pas moins de 10 mètres de largeur au plafond pour pouvoir être bien manœuvrés.

Avec le profil type de 28 mètres carrés de section, dont je viens de faire ressortir la raison d'être, la longueur totale des deux canaux longitudinaux et des onze canaux transversaux donne un cube de dragages de $461{,}000 \times 28 = 12{,}908{,}000$ mètres cubes.

Notons, en passant, que les terres extraites constitueront, de fait, en même temps, les digues et les terres-pleins nécessaires pour établir les voies de communication, installer des villages, etc. En remaniant convenablement ces digues, au fur et à mesure qu'elles sortiront de l'eau, on pourra préparer sans retard ces chemins et ces installations, éléments précieux pour l'exploitation.

Quelques-unes des raisons qui m'ont fait conseiller une largeur de 10 mètres du plafond pour les treize canaux à creuser dans le bassin du lac, n'existent pas pour les deux canaux supérieurs CC' et DD'. Je n'en crois pas moins utile de donner à ces deux canaux une très grande section, seulement d'une autre forme. Je conseillerais 5 mètres de largeur au plafond et la même profondeur de 2 mètres, avec une pente de 5 pour 1 pour les talus, ce qui donnerait 25 mètres de largeur à la ligne d'eau.

Voici les nouveaux motifs sur lesquels je m'appuye.

D'une part, ces deux canaux sont destinés à alimenter d'eau douce, non pas seulement une partie du bassin du lac Menzaleh, mais encore, plus tard (partie IX), une partie de la contrée déserte comprise entre Abou-Ahmet, Salaieh, Kantara et Ismaïlia. C'est par eux aussi que l'eau douce arrivera pour les besoins de Port-Saïd, cette ville de création récente, dont l'avenir est assuré, mais qui ne prendra tout son développement que le jour où elle aura une large alimentation d'eau douce.

D'autre part, les canaux CC' et DD', traversant le désert sablonneux sur tout leur parcours, seront exposés à un certain envahissement par les sables, et il importe de leur donner du premier coup une capacité assez grande pour n'avoir pas à les creuser à nouveau au bout d'un laps de temps relativement court.

Enfin, la mobilité même des sables est le motif pour lequel j'indique des talus en pente très douce. Les berges, avec de pareils talus, sont bien moins sujettes à se dégrader et il se formera moins de ces seuils qui, en interrompant le niveau du plafond normal, s'opposent dans une large mesure à la rapidité du flot et, par suite, diminuent sensiblement le débit journalier.

Ces explications données et le profil type de 5 mètres de largeur au plafond, de 2 mètres de profondeur moyenne en eau et de talus à 5 pour 1 adopté, la section utile serait de 30 mètres carrés. Mais il faut considérer que les canaux CC' et DD' seront à creuser dans un terrain naturel beaucoup plus élevé que les canaux du bassin du lac, de sorte que, même en tenant compte de ce que le niveau de l'eau douce est lui-même plus élevé que celui de la mer, de 7 mètres à Abou-Ahmet et de 6 mètres à Néfiche, il faudra descendre dans le sable à une certaine profondeur pour creuser les deux canaux dont il s'agit. Sans connaître bien la région traversée, notamment entre Abou-Ahmet et Kantara, je crois que l'on peut estimer, sans crainte de commettre une erreur trop sensible, à 2 mètres en moyenne l'élévation du terrain au-dessus du niveau de l'eau douce, soit à 4 mètres la profondeur à atteindre pour obtenir le plafond des canaux considérés. La section normale du terrassement serait alors de

$$\frac{5 + 5 + (5 \times 4 \times 2)}{2} \times 4 = 100 \text{ mètres carrés.}$$

Le cube total des terrassements à exécuter à sec serait donc :

Pour le canal CC', 80,000 × 100, ci 8,000,000 M. C.
Pour le canal DD', 42,000 × 100, ci 4,200,000

Ensemble. 12,200,000

J'aurai terminé ce qui a rapport au programme des travaux à exécuter, en disant que le système comporte les ouvrages suivants :

1° Pour les canaux AA', BB' et CC', des prises d'eau en maçonnerie, avec des pertuis à poutrelles ou des portes d'écluse, du type déjà appliqué sur plusieurs points de l'Égypte, en proportionnant la force de ces ouvrages à l'importance du débit et surtout à la vitesse du flot à l'origine. Pour le canal DD', qui s'embranchera directement à Néfiche, sur le canal de Zagazig à Ismaïlia, et qui fera comme pendant au canal de Néfiche à Suez, il n'y aura pas besoin de prise de ce genre.

2° Les prises d'eau de tous les canaux transversaux du bassin du lac pourraient être simplement défendues par des perrés ou des clayonnages, la quantité d'eau qu'ils doivent respectivement recevoir devant être moindre, à un moment donné, que l'alimentation des canaux supérieurs, puisque chacun de ceux-ci se répartira entre plusieurs canaux transversaux. Il sera néanmoins utile d'établir à chacune de ces prises un pont à pertuis, pour régler le débit et pour retenir, au besoin, pendant une partie du bas étiage, les eaux dans les régions supérieures.

3° A chaque entre-croisement des canaux transversaux avec les canaux longitudinaux, il conviendra également d'établir un pont à pertuis, à la fois pour assurer la continuité des voies de communication suivant les digues longitudinales et pour bien isoler les parcelles quant à l'irrigation.

4° Enfin, le lido du bord de la mer serait formé et rechargé dans ses parties faibles, et recevrait, à l'extrémité des canaux transversaux, de forts barrages en empierrements, surmontés d'appareils à épuisements d'une puissance convenable pour faire écouler, à certains moments, les eaux surabondantes. — Seul, le canal H', de Kantara à Port-Saïd, se terminera du côté de la mer par une écluse, pour parer aux éventualités de l'avenir (partie IX).

En résumé, après exécution du projet complet :

On aura 15 canaux, d'une grande section, d'un développement total de 583 kilomètres et dont le creusement aura fait remuer 25,100,000 mètres cubes, sur lesquels 12,900,000 à la drague et 12,200,000 à sec.

Le bassin du lac sera divisé en trente-trois parcelles distinctes, délimitées et desservies par treize digues ;

Les eaux seront manœuvrées au moyen de 30 ponts à pertuis et de 4 écluses, dont 3 écluses de prise d'eau et 1 écluse de décharge ;

Enfin, 10 barrages avec appareils à épuisements assureront sans rupture l'écoulement du trop plein des eaux d'irrigation.

V.

Moyens et temps de l'exécution.

Nous avons vu que les terrassements devront s'exécuter en partie à sec, en partie à la drague.

L'Égypte a montré de tous temps ce que l'on peut attendre d'elle, en fait de terrassements à sec. Dans les terrains qui nous occupent et avec le profil type admis pour les canaux CC' et DD', chaque fellah fera très facilement plus d'un mètre cube de déblai par jour. Avec douze mille hommes continuellement renouvelés, le gouvernement pourra donc faire exécuter les deux canaux en question à raison de 350,000 mètres cubes par mois, soit 4,200,000 mètres cubes par an. En trois ans, tout le travail à sec sera ainsi terminé. Le gouvernement pourrait même finir en beaucoup moins de temps, en affectant à cette partie de l'exécution vingt mille hommes au lieu de douze mille. Mais, pour ne pas enlever trop de bras à la fois à d'autres travaux, la première combinaison sera préférable. Au surplus, il serait inutile d'aller plus vite, car, pour ne pas s'encombrer de matériel coûteux, je vais montrer qu'il faudra précisément trois ans pour exécuter, simultanément avec les terrassements à sec, tous les terrassements sous l'eau.

Les engins mécaniques nécessaires en vue des terrassements sous l'eau seront puisés à l'arsenal si complet de la Compagnie du canal de Suez. Parmi les dragues des modèles améliorés par M. Lavalley, on pourra choisir. Il conviendra de leur adapter des couloirs de quinze à vingt mètres, afin de rejeter les produits du dragage à une certaine distance sur la berge et de prévenir ainsi les retours dans le lit creusé. Cette précaution sera d'autant plus utile que les terres rejetées seront saturées d'eau et que, retombant de fait encore sous l'eau, dans les débuts de l'opération, elles auront une tendance à s'écraser et à s'étendre sous la charge, ce qui ne manquerait pas d'encombrer la fouille au fur et à mesure que la drague y aurait passé.

Les couloirs ne devant pas avoir une longueur de plus de 20 mètres et les digues ne devant pas s'élever beaucoup, il sera suffisant de choisir des dragues dont le bâtis soit relativement peu élevé et qui offriront, par conséquent, l'avantage d'être plus légères et plus maniables. Des dragues de l'espèce, bien conduites et opérant dans les terrains assez faciles qui forment le fond du lac Menzaleh, pourront draguer largement jusqu'à 45,000 mètres cubes par mois. Avec de longs couloirs, l'entreprise Borel, Lavalley et Cie a creusé, dans des terrains analogues, 50,000 mètres cubes et au delà par mois et par drague. Toutefois, pour tenir compte de toutes les circonstances, et, notamment, de l'éloignement plus grand des lieux de réparation et des dépôts de rechange, enfin pour continuer à me placer dans les conditions les moins favorables, j'évaluerai à

30,000 mètres cubes seulement le rendement moyen mensuel, soit à 360,000 mètres cubes par an le rendement de chaque drague.

Le cube total à creuser à la drague étant de 12 millions 900,000 mètres cubes, il faudrait 12 dragues pour faire le travail en trois années. Afin d'éviter tout mécompte et de parer aux éventualités de chômages prolongés, je porterai ce nombre à 15, ce qui permettra d'ailleurs de répartir les dragues d'une manière très simple, en assignant à chacune d'elles une tâche telle que l'ensemble du réseau puisse être terminé partout simultanément. Voici comment je disposerais le matériel à cet effet. Deux dragues seraient placées dans chacun des canaux AA' et BB'. Chacune des onze dragues restantes attaquerait respectivement un des onze canaux transversaux, et on aurait soin, naturellement, d'assigner les canaux les plus longs aux dragues paraissant les plus puissantes.

Les déblais des canaux AA' et BB' seront rejetés du côté nord, afin de pouvoir, en établissant sur les coupures des digues ainsi formées correspondantes au passage des canaux transversaux, les ponts à pertuis à poutrelles prévus au programme (partie IV), retenir les eaux non-seulement dans la partie sud des canaux transversaux, mais aussi dans toute la longueur des canaux longitudinaux. Cette réserve sera d'autant plus importante, que les canaux AA' et BB' seront directement alimentés par le Nil, et que leur débit considérable, à l'époque du haut étiage, servira, grâce à la retenue ainsi ménagée, à inonder la plus grande partie de la superficie du bassin, excellente condition pour la dessaler d'abord, puis pour la fertiliser par de larges dépôts de limon également répartis.

Les déblais des canaux transversaux devront être également versés tous d'un même côté, afin d'avoir des digues plus fortes et plus élevées. Le côté à choisir serait, selon moi, le côté Est, pour deux motifs. Le premier de ces motifs est que le vent règne presque continuellement du nord-ouest et que la crête des digues une fois séchées pourrait être renversée dans le lit des canaux, si les digues étaient à l'ouest. Le second c'est que le dernier canal vers l'est (le canal H', qui sera parallèle au Canal maritime et assez rapproché de lui) aura besoin d'une protection contre les suintements d'eau salée provenant du Canal maritime. La digue à l'est mettra obstacle à cet envahissement.

J'ai dit que les digues serviront en même temps de routes, et l'on vient de voir que les digues longitudinales offriront une voie continue, puisque leurs tronçons seront reliés entr'eux par des ponts. Mais je n'ai pas parlé de ponts à établir sur les canaux longitudinaux pour relier les tronçons des digues transversales. Les raisons de cette lacune sont que la dépense des ponts en maçonnerie doit être considérable (partie VI) ; qu'on trouvera peut-être avantage, pour la navigation entre Damiette et Port-Saïd, ou entre Farescour et Raz-el-Ech, à conserver libre le parcours des canaux longitudinaux ; que les digues transversales ne reliant pas, de fait, des points importants, il y aura peu de circulation sur elles ; qu'au surplus, il sera facile, quand on le voudra si l'expérience en démontre l'utilité, de faire exécuter par la population locale quatre ou cinq ponts très simples en bois, ou d'avoir des bacs, pour rendre continues les routes transversales, par exemple celle qui ira de Matarieh à la mer et qui permettra de se rendre de Matarieh à Damiette, à gauche, ou à Port-Saïd, à droite, par un excellent chemin.

La construction de tous les ponts à pertuis, celle des prises d'eau en maçonnerie, celle des 10 barrages de fermeture des canaux transversaux le long du lido de la mer, enfin celle des écluses, ne seront forcément commencées qu'après que les dragues auront achevé leur travail et auront été retirées du lac. On mettra alors toutes les forces à fermer le lido, à y construire les barrages et à y établir les appareils à épuisements. Ensuite, on passera aux autres constructions.

Il n'y a rien de particulier à dire, en ce qui concerne ces différentes constructions, au point de vue technique. Il existera encore dans l'Isthme de Suez, à l'époque où elles arriveront en tour, un personnel d'ouvriers assez habitués à ce genre d'ouvrages, pour que l'on puisse être certain de les mener tous à bien et simultanément, dans un laps de temps très court.

Il ne me reste donc plus à parler, pour avoir développé tout ce qui a rapport aux moyens et au temps de l'exécution du projet, que de l'opération du dessèchement.

On compte, en France, que l'évaporation enlève environ 1,000 mètres cubes par an par hectare dans les endroits découverts. C'est rester certainement au dessous du vrai que de porter cette proportion au quadruple, en Egypte, où le climat est infiniment plus sec et où la saison chaude, indépendamment de ce qu'elle présente une température moyenne beaucoup plus élevée, dure trois mois de plus. Néanmoins, tenant compte de la proximité de la mer et de la nature du dessèchement à opérer, dans des terrains pénétrés depuis longues années et saturés de sel, j'évaluerai à 2,500 mètres cubes seulement par hectare et par an la perte par évaporation, soit, pour les 165,000 hectares, 412,500,000 mètres cubes par an, ou, par jour, en chiffres ronds, 1,160,000 mètres cubes. Cela revient à dire que, chaque jour, au commencement, la masse liquide ne baissera que de $\frac{1,160,000}{1,165,000,000} = 0$ m 0007 environ, proportion évidemment bien au-dessous des résultats de l'expérience.

En admettant le chiffre de 412,500,000 mètres cubes par an pour le dessèchement par evaporation, on voit qu'il faudrait juste six années $\left(\frac{2,745,000,000}{412,500,000} = 6\right)$ pour arriver, sans moyen artificiel, au dessèchement voulu, si le bassin était entièrement fermé. Or il le sera du côté de la mer, mais il y aura toujours le débit de l'eau douce provenant des canaux supérieurs et des ramifications du Nil, et on ne saurait fermer ces canaux et ramifications sans risquer de détruire par inondation, aux époques de haut étiage, les récoltes des terrains supérieurs. Pour combattre cet envahissement du bassin, plusieurs précautions seront à prendre : — 1° on n'ouvrira qu'après l'assèchement complet les prises d'eau des canaux AA' et BB' ; — 2° on fera en sorte que les canaux CC' et DD' perdent, au besoin, leur trop plein par des saignées dans le désert, jusqu'à la fin de la même période, ou mieux qu'ils déversent toute leur eau dans le canal ll', de Kantara à Port-Saïd, où une écluse permettra d'en évacuer le trop plein après utilisation sur toute la ligne; — 3o on n'améliorera pas immédiatement par des curages les canaux et les ramifications qui alimentent actuellement d'eau douce le bassin du lac Menzaleh, ce qui réduira le supplément liquide de nature à rendre le dessèchement trop long; — 4o enfin, au besoin, on fera momentanément de forts barrages et des remaniements de crêtes de digues, de manière à rendre plus hautes et continues les digues des canaux ff' et gg', dont le second correspond au parcours actuel des eaux du Nil allant à la mer, par la branche de Matarieh, à travers le lac. Ces travaux limiteront l'inondation par l'eau douce à une seule des onze zônes transversales du bassin et forceront l'eau surabondante de cette zône à s'écouler rapidement vers la mer.

J'ajouterai qu'à supposer que, surtout en cas de crues exceptionnelles du Nil, il soit impossible de prévenir l'envahissement par l'eau douce d'une partie du bassin du lac en voie d'assèchement, il n'y aura là qu'un retard largement compensé par les résultats d'un autre ordre. L'inondation à l'eau douce déposera une notable quantité de limon sur toute la surface, commencera à dessaler le terrain et le couvrira d'un mélange d'eau douce et d'eau salée qui s'évaporera plus vite que l'eau sursaturée de sel. Je ne fais donc pas entrer réellement en ligne de compte cette considération comme pouvant nuire à l'opération projetée.

Mais, six années réclamées par le dessèchement, venant s'ajouter aux trois années de l'exécution, ce serait très long, encore bien que, pendant les dernièers années du dessèchement, on puisse commencer la culture, par la triple raison que les terrains les plus élevés, c'est-à-dire plus du quart de la surface, seront déjà secs, que le riz peut très bien se cultiver dans des terrains encore salés, et que sa croissance ne souffre pas d'une irrigation à l'eau un peu saumâtre.

Pour hâter le moment où tout sera prêt pour l'exploitation, le recours aux moyens mécaniques sera nécessaire.

Là, encore, je l'ai fait pressentir, la Compagnie du canal maritime de Suez pourra fournir, mais seulement en partie, le matériel exigé par la circonstance, en pompes à épuisements et en locomobiles. Une pompe centrifuge (de la fabrique Neut et Dumont) mûe par une locomobile de 18 mètres carrés de surface de chauffe, peut débiter 125 mètres cubes à l'heure. Bien installée et avec une forte équipe, une pareille pompe marche facilement à raison de 22 heures utiles par jour, ce qui représente un épuisement de 2,750 mètres cubes par jour, ou, en chiffres ronds, de 1,000,000 mètres cubes par an. 200 de ces pompes épuiseraient donc par an 200,000,000 mètres cubes. L'évaporation et les moyens mécaniques réunis enlèveraient ainsi, chaque année, de la masse liquide du lac, (412,500,000 + 200,000,000) = 612,500,000 mètres cubes, et le desséchement s'opérerait en quatre années, au lieu de six, ce qui, moyennant une dépense d'achat et de fonctionnement d'engins mécaniques relativement secondaire, avancerait de deux ans la période de l'exploitation définitive. Notons que ce matériel servira encore pour l'exploitation elle-même et que, de toutes façons, son achat est indiqué d'avance.

En résumé, trois années pour l'exécution des travaux préliminaires et quatre années pour l'épuisement, tel est le temps strictement nécessaire pour la transformation projetée. Encore dois-je rappeler que, pendant les deux dernières de ces sept années, la mise en culture partielle, en donnant un commencement de rapport, permettra de couvrir une partie des derniers frais de la transformation.

VI

Dépenses de l'opération.

J'arrive maintenant à une partie de mon étude dans laquelle j'ai cherché d'une manière toute spéciale à établir les données de la question sur les bases les plus précises. Tous les chiffres qui vont être indiqués sont tirés de marchés connus, appliqués par des maisons de premier ordre, et il a été été tenu compte des moindres frais accessoires avec le plus grand soin.

Le relevé des dépenses se décompose en sept catégories distinctes, savoir :

1o Terrassements à sec ;

2o Terrassements à la drague ;
Achat de matériel.
Main-d'œuvre.
Charbon.
Entretien, réparations, etc.

3o Epuisements ;
Achat de matériel.
Main-d'œuvre.
Charbon.
Entretien, réparations, etc.

4o Ponts, écluses, barrages ;
5o Installations ;
6o Achats spéciaux (embarcations, outillage, etc.) ;
7o Frais généraux (direction, surveillance, etc.).

§ 1er. — Terrassements à sec.

Exécutés par voie de prestation en nature, sur l'ordre du Gouvernement, en vue d'améliorations agricoles, les travaux de creusement à sec ne doivent pas coûter plus que ceux que l'on fait exécuter dans les circonstances d'utilité publique. La dépense, très réelle en ce sens que le Gouvernement pourvoit aux transports, à la nourriture des ouvriers, à l'outillage, etc, ne devrait figurer que pour mémoire. Ce n'est là, à proprement parler, qu'un déplacement des forces vives du pays dans un but d'intérêt général. Toutefois, pour appliquer aux travaux qui nous occupent la dépense spéciale qu'ils occasionneront, puisque le Gouvernement en retirera plus tard un revenu spécial, je mentionnerai ici ladite dépense que, tout compris, j'évalue certainement bien au-dessus de ce qu'elle sera en la portant à un franc par mètre cube. Ci, pour les 12,200,000 mètres cubes à creuser à sec. . . . . F. 12,200,000

§ 2. — **Terrassements à la drague.**

Achats de matériel des dragages.— J'ai fixé à 15 le nombre des grandes dragues à acheter à la Compagnie du Canal maritime, pour les terrassements à exécuter sous l'eau dans le bassin du lac. Chaque drague, de 8 mètres de largeur, sur 33 mètres de longueur, avec un couloir de 20 mètres de portée, un bâtis de 8 mètres d'élévation et une machine de la force de 105 chevaux vapeur (soit du type de la Société Nouvelle des Forges et Chantiers de la Méditerranée, soit du type de la maison E. Gouin et Cie) revient à 400,000 fr. Dans les conditions où on trouvera ces dragues, après l'exécution du Canal maritime de Suez, on pourra les obtenir, bien qu'en très bon état, à un prix moindre, puisqu'elles ne seront plus neuves. J'estime que, transport en place compris (transport qui aurait lieu par mer, au

A reporter. . . . . F. 12,200,000

Report. . . . F. 12,200,000

moyen de remorqueurs, en venant de Port-Saïd par le boghaz de Gémileh), chacune des dragues ne coûtera pas plus de 350,000 fr. Ci pour les 15 dragues. . . . 5,250,000

Main-d'œuvre des dragages.—L'équipage d'une drague destinée à travailler 10 heures par jour, dans les conditions que présentera le bassin du lac Menzaleh, doit être composé :

D'un mécanicien. . . à 15 fr. par jour,
d'un aide-mécanicien. . 10 id.
et de 10 manœuvres. : 4 id.

d'après les prix du pays et la nationalité ordinaire des équipes. La main-d'œuvre du dragage coûtera donc, par jour, 65 fr., ce qui fait 1950 fr. par mois et 23,400 fr. par an. Comme les dragages sont supposés devoir durer trois années, la main-d'œuvre constituera une dépense totale de 23,400 × 3 × 15, soit. . . . F. 1,053,000

Charbon pour les dragages.—Chaque drague consomme 3 tonnes de charbon par jour, soit 90 tonnes par mois et 1080 tonnes par an. Les 15 dragues consommeront donc, pendant leurs 3 années de fonctionnement, 1080 × 2 × 15 = 48,600 tonnes de charbon. Le prix de la tonne

A reporter. . . . F. 18,503,000

Report . . . . F. 18,503,000

de charbon de terre (Cardiff, Newcastle ou briquettes) rendu sur place ne peut pas encore être évalué, de peur de mécompte, à moins de 60 fr. La dépense totale de ce chef sera, par conséquent, de 48,600 × 60, ci. . . . . F. 2,916,000

Entretien, réparations, etc. — J'entends par ces frais les transports spéciaux de rechanges et autres, les déplacements d'engins, les chômages, les réparations de toute nature, etc.. et je crois être au-delà du vrai en portant l'ensemble de ces frais à 20 p. 0/0 de la valeur de chaque drague, soit à 70,000 fr. par chaque année de fonctionnement, ce qui donnerait, pour cet objet, une dépense de 70,000 × 15 × 3, ci. F. 3,150,000

§ 3. — Epuisements.

Achat du matériel d'épuisements. — J'ai supposé l'emploi de 200 pompes centrifuges ayant un débit de 125 mètres cubes à l'heure, chaque pompe mue par une locomobile de 18 mètres carrés de surface de chauffe et de la force de 14 chevaux-vapeur. La maison Neut et Dumont fournit les pompes de l'espèce, complètes et rendues en Egypte, à 2,700

A reporter. . . . F. 24,569,000

Report. . . . . F. 24,569,000

fr. l'une; et la maison E. Gouin et Cie fournit les locomobiles du type indiqué à 13,600 fr. l'une, également toute rendue. Les 200 pompes et locomobiles coûteront donc (2,700 + 13,600) × 200, ci. . . . . F. 3,260,000

Main-d'œuvre des épuisements. — Une pompe et une locomobile accouplées exigent une équipe de 4 hommes, savoir :

1 mécanicien à 12 fr. par jour
et 3 manœuvres à 4 id.

la dépense totale mensuelle pour la main-d'œuvre de chacun des organes d'épuisements sera donc de (12 + (4 × 3)) × 30 = 720 fr. par mois. Par an, cette dépense sera de 8,640 fr. ; et, pour les 200 organes et les 4 années de fonctionnement prévues, elle s'élèvera à 8,640 × 200 × 4, ci. . . . . F. 6,912,000

Charbon pour les épuisements.— Chaque locomobile du type indiqué consomme 20 tonnes de charbon et dépense, par conséquent, à raison de 60 fr. la tonne, 1,200 fr. par mois. Sa dépense annuelle de chauffe sera de 14,400 fr. Les 200 locomobiles coûteront donc, en charbon de terre, pour les 4 années affectées aux épuisements, 14,400, × 200, × 4, ci. . . . 11,520,000

A reporter. . . . F. 46,261,000

Report. . . . . . F. 42,261,000

Entretien, réparations, etc. — Pour les organes d'épuisements, comme pour les dragues, j'évaluerai tous les frais de l'espèce (transports spéciaux, rechanges, menues et grosses réparations, chômages imprévus) à 20 % par an de la valeur première de l'organe. La dépense totale de ce chef sera, par conséquent, de 3 millions 260,000 × 0,20, ci... , ... 652,000

§ 4. — **Ponts, écluses, barrages.**

Il a été prévu 4 écluses de grand modèle, dont 3 pour les prises d'eau des canaux AA', BB' et CC', et une pour l'évacuation du trop plein du canal II', prolongement du canal supérieur DD'. On ne peut pas estimer à plus d'un demi-million la dépense relative à chacune de ces écluses, ce qui donnera, pour les quatre. . F. 2,000,000

Les 30 ponts à pertuis à poutrelles, destinés à assurer la continuité des digues longitudinales et la retenue des eaux dans les parties supérieures, coûteront, à raison de 50,000 fr. l'un, tout compris . . . . F. 1,500,000

Enfin, les 10 barrages le long du lido qui sépare le lac Menzaleh de la Méditer-

A reporter. . . . F. 50,413,000

Report. . . . . . F. 50,413,000

ranée, à 50,000 fr. l'un également, donneront une dépense de . . . . F. 500,000

§ 5. — Installations.

Les installations sont déjà en grande partie comprises au budget des dépenses, puisque j'ai tenu compte des arrivages sur place de tout le matériel et de sa mise en œuvre, des transports de rechanges, des remaniements spéciaux, etc. Comme, d'ailleurs, au moins en ce qui concerne les dragues, les équipages habiteront à bord, il n'y a plus à se préoccuper que des habitations légères à construire pour les équipes employées aux appareils d'épuisements, pour les surveillants, pour le personnel de direction, qu'il convient de placer au centre des travaux. Il faut aussi tenir compte de l'établissement de dépôts et de quelques magasins locaux d'approvisionnements pour les ouvriers qui viendront se pourvoir, d'abord en canots, puis le long des digues. C'est dépasser toutes prévisions, que de porter, pour l'ensemble de ces installations, une dépense de, ci F. 3,000,000

A reporter. . . . F. 53,913,000

Report. . . . . . F. 53,913,000

§ 6. — Achats spéciaux.

J'inscrirai à cet article tous les frais d'achats d'embarcations, d'outillage local en vue des réparations courantes, et les autres dépenses de même ordre, dont le montant ne saurait, dans aucun cas, dépasser 1,500,000 fr. J'ajouterai qu'on doit supposer que tous les besoins en ce genre se seront révélés pendant les trois premières années et qu'ainsi la dépense pourra être répartie exclusivement sur ces trois années. Ci, ensemble . . . . F. 1,500,000

§ 7. — Frais généraux.

(Direction, surveillance, etc.)

Le paiement du personnel de direction, de surveillance, d'administration, etc., et tous les frais généraux ne sauraient s'élever à plus de 500,000 fr. par an, soit, pour les 7 années de l'opération. . . . . . . F. 3,500,000

On arrive ainsi, pour l'exécution complète du projet, à une dépense totale de F. 58,913,000
ou, en chiffres ronds, de . . . . F. 60,000,000

Il est d'usage d'ajouter un tant pour cent au montant détaillé des dépenses, pour couvrir les frais imprévus. Mais je n'ai pas à faire figurer une dépense supplémentaire de cette nature, ayant préféré la faire entrer de fait dans chacun des articles de dépense, au fur et à mesure que j'en établissais le chiffre. Il est facile de se convaincre que je suis constamment resté au-dessus de la réalité de beaucoup dans l'estimation des matières, dans le calcul de la main-d'œuvre, dans l'évaluation des frais d'entretien et de réparations, enfin dans les prévisions de toutes sortes, et que j'ai fait ainsi une large part à l'aléa.

Il est bien un article que l'on pourrait porter au chapitre des dépenses. Je veux parler des forces qu'il faudra employer à débarrasser le lac Menzaleh des poissons qui le peuplent en quantité miraculeuse. J'ai dit que le rapport brut actuel de l'industrie de la population riveraine du lac est évalué à 3,000,000 fr. et qu'il provient exclusivement de la pêche. A 50 centimes le kilogramme de poisson cela représente 6,000,000 kilogrammes de poissons pêchés chaque année. Il faut bien admettre, pour que le lac ne finisse pas par être dépeuplé, que la pêche laisse toujours subsister trois fois autant de poissons qu'on en retire. Il y aura donc, pour utiliser tout le poisson, et surtout pour empêcher qu'il ne pourrisse sur place au fur et à mesure de l'assèchement du bassin (ce qui occasionnerait certainement une maladie pestilentielle dans la localité), que l'on pêche, non plus 6,000,000 kilogrammes, mais près de 20,000,000 kilogrammes de poissons par an, pendant les trois premières années, et 10,000,000 kilogrammes environ, pendant chacune des quatre années suivantes, alors que la communication avec la mer étant fermée, il y aura moins de reproduction.

Disons, en passant, que la création de canaux, qui resteront toujours remplis d'eau et dont le creux total sera de plus de 12 millions de mètres cubes, permettra de conserver une certaine quantité de poissons, même quand l'opération du dessèchement sera terminé. Seulement, il faudra aussi se hâter de pêcher ce poisson, l'introduction ultérieure de l'eau douce en proportion de plus en plus forte devant changer tellement les conditions que le poisson de mer n'y vivrait plus.

Si je n'ai parlé que pour mémoire, au chapitre des dépenses, des efforts à faire pour l'enlèvement de tout le poisson du lac Menzaleh, concurremment avec le dessèchement, c'est parce que la population actuelle des pêcheurs, sur l'ordre du gouvernement, et mue d'ailleurs par son propre intérêt, en viendra facilement à bout avec ses seuls moyens et se paiera sur les produits en poissons frais ou salés. Le fermier du lac y trouvera, de son côté, une ample compensation à la résiliation de son fermage, même en supposant que le gouvernement élève de beaucoup le prix de ce fermage, mesure naturellement indiquée, en présence de l'extension subite et considérable accordée à l'exercice de la pêche.

VII

Exploitation.

La combinaison adoptée, consistant à morceler le bassin du lac Menzaleh en trois grandes zônes longitudinales et chacune de celles-ci en onze zônes transversales, c'est-à-dire, ensemble, en trente-trois parcelles isolées, aura pour résultat de permettre de commencer la culture, au fur et à mesure que les terrains les plus élevés, ceux qui forment la bordure du bassin à l'ouest et au sud, seront asséchés. On peut compter que toute la partie sud-ouest pourra être livrée à la culture dès le commencement de la troisième année à partir de l'assèchement, soit de la sixième année à partir des débuts de l'opération, et cela sur la valeur d'à peu près le quart de la surface susceptible d'être transformée. Or comme ces $\frac{150,000}{4}$ = 37,500 hectares seront précisément sous l'influence immédiate de l'irrigation par les ramifications du Nil, il suffira de curer ces ramifications pour opérer une inondation par l'eau douce de nature à hâter le dessalement. Bien que les premières récoltes de riz à espérer ne doivent pas, à beaucoup près, valoir les suivantes, il est difficile d'admettre qu'elles rapportent moins de 200 fr. à l'hectare (partie I). La superficie mise à nu et livrée à la culture au bout de cinq ans étant de 37,500 hectares, la récolte de la 6me année donnerait donc un revenu brut de 7,500,000 francs.

Le revenu de la 7me année portera largement sur la moitié de la superficie à transformer, soit sur 75,000 hectares, et dépassera certainement le double du revenu de l'année précédente, car le terrain mis en culture depuis un an sera bien amendé. Je ne le porterai pourtant qu'au double, pour rester toujours au-dessous du vrai, soit à 15,000,000 francs.

D'après les mêmes considérations, j'évaluerai le produit brut de la 8me année à 22,500,000 fr., et celui de la 9me année à 30,000,000 francs.

A partir de la 10me année, toute la surperficie étant mise en culture, ce n'est plus que par l'amélioration successive du terrain que le revenu pourra croître. Mais cette amélioration marchera très rapidement. Il faut songer, en effet, que, pendant les premières années, indépendamment de la nature médiocre du sol et de la difficulté de son accès, on aura contre soi l'insuffisance de la population agricole et les lenteurs causées par la nécessité de pourvoir à bien des travaux accessoires destinés à répandre l'irrigation par des rigoles secondaires ou à installer les nouveaux arrivants. Il est assez difficile d'apprécier dans quelle proportion les progrès se réaliseront, une fois que toute la région sera bien appropriée à la culture. Pour rester dans des limites très modérées, j'établirai théoriquement une progression constante et relativement faible, à partir de la 10me année, et je ferai ressortir aux chiffres ci-après les revenus bruts successifs :

10me	année.	F. 32,000,000
11me	»	34,000,000
12me	»	36,000,000
13me	»	38,000,000
14me	»	40,000,000
15me	»	42,000,000
16me	»	44,000,000
17me	»	46,000,000
18me	»	48,000,000
19me	»	50,000,000
20me	année et chaque année suivante.	50,000,000

Au bout de vingt ans, j'estime que tous les progrès seront réalisés et que la terre aura été traitée de manière à donner son rapport maximum.

C'est faire une énorme part aux dépenses de culture proprement dites et à celles qu'entraîneront le renouvellement, l'entretien et le fonctionnement des engins mécaniques à conserver pour les épuisements et aussi l'entretien et le fonctionnement des écluses, pertuis, etc. que d'évaluer toutes ces dépenses à 50 % du revenu brut. Le revenu net, au bout de vingt ans, serait donc de 25,000,000 fr. par an. C'est le résultat que j'avais déjà fait pressentir (partie I.)

Quant aux dispositions que prendra le gouvernement égyptien pour attirer dans cette vaste région une population en rapport avec sa mise en culture et pour augmenter son actif financier d'une part de revenu équitable, c'est là une question d'un ordre trop délicat pour être traitée ici. Comme il me faudra pourtant (partie VIII) faire entrer dans mes calculs ce que le gouvernement pourra retirer de la transformation projetée, je dirai dès à présent que je me placerai dans l'hypothèse où les terres seraient louées, non pas à un prix déterminé par feddan, mais à un tant pour cent sur le produit brut, par exemple à 30 %, taux auquel je crois que l'on trouvera autant de fermiers qu'il en sera besoin. Cette base admise, le gouvernement retirerait du bassin transformé les revenus nets ci-après :

Pour la 6me	année	7,500,000 × 0,30	F. 2,250,000
7me	»	15,000,000 × 0,30	4,500,000
8me	»	22,500,000 × 0,30	6,750,000
9me	»	30,000,000 × 0,30	9,000,000
10me	»	32,000,000 × 0,30	9,600,000
11me	»	34,000,000 × 0,30	10,200,000
12me	»	36,000,000 × 0,30	10,800,000
13me	»	38,000,000 × 0,30	11,400,000
14me	»	40,000,000 × 0,30	12,000,000
15me	»	42,000,000 × 0,30	12,600,000
16me	»	44,000,000 × 0,30	13,200,000
17me	»	46,000,000 × 0,30	13,800,000
18me	»	48,000,000 × 0,30	14,400,000
19me	»	50,000,000 × 0,30	15,000,000
20me	»	50,000,000 × 0,30	15,000,000

Je m'arrête à ce dernier chiffre. L'avenir promet peut-être de plus beaux résultats, par un changement de culture devenu possible désormais et donnant lieu à plus d'une récolte par an. Mais je tiens à rester jusqu'à la fin dans les limites d'une extrême prudence et, au surplus, une opération capable de donner, en vingt années, un revenu brut de 50,000,000 fr. par an et, au gouvernement, un revenu net de 15,000,000, au moins, est déjà assez tentante, sans qu'on y ajoute d'autres bénéfices aléatoires.

Il n'est pas sans intérêt de terminer ce chapitre par l'examen de ce que, pendant le temps même de la transformation, le gouvernement tirera du lac. Ce complément de recherches donnera d'ailleurs les derniers éléments pour la solution de la question traitée dans la partie qui va suivre (capitaux à réunir et amortissement de la dépense).

J'ai dit (partie VI) que le gouvernement pourrait opérer un prélèvement beaucoup plus élevé qu'aujourd'hui sur la pêche, eu égard à la permission qu'il donnerait d'exercer cette industrie sur la plus grande échelle. Mettons qu'il retirait de là, pour les trois années des terrassements et pour les quatre années de l'assèchement réunies seulement 9,000,000 fr. ci. . . . , ... F. 9,000,000

A ce produit viendra s'ajouter, à partir de la période du dessèchement, le produit de la récolte du sel, dont on aura un approvisionnement immense, au fur et à mesure que l'eau de mer se retirera du bassin. Il ne sera pas possible, vu le

A reporter. . . . F. 9,000,000

Report	9,000,000
danger de s'aventurer pendant les premiers temps sur le sol encore saturé d'humidité, de récolter tout ce sel ; mais on peut bien compter sur 200 kilogrammes par hectare, ce qui donnera, pour tout le bassin utilement desséché, 150,000 × 200 = 30,000,000 kilogrammes de sel, soit, à raison de 20 centimes le kilogramme 6,000,000 fr., dont le gouvernement prélèvera bien la moitié, ci F.	3,000,000
Ensemble F.	12,000,000

Ainsi pendant les sept années que durera l'opération entière les seuls produits accessoires rapporteront au gouvernement 12,000,000 fr. ce qui représente un revenu net annuel de plus de 1,700,000 fr., c'est-à-dire au delà du rapport actuel du lac Menzaleh. Pour plus de simplicité, je scinderai les deux espèces de produits accessoires et je supposerai que les 9,000,000 fr. afférents à la pêche seront touchés par tiers pendant les trois premières années, et que les 3,000,000 fr. afférents à la récolte du sel se répartiront par quarts entre les quatre années suivantes.

VIII

Moyen de se procurer les capitaux nécessaires. Amortissement de la dépense.

Par qui seront exécutés les travaux préparatoires de la transformation du bassin du lac Menzaleh? Comment la dépense en sera-t-elle couverte? Tel est le sujet de la présente partie de mon étude.

Trois partis sont à prendre par le gouvernement égyptien : ou chercher à exécuter lui-même ; ou confier l'opération à une compagnie intéressée dans le produit de l'exploitation, soit par une concession de terrains, soit par un tant pour cent sur les revenus nets; ou, enfin, faire exécuter les travaux par un entrepreneur sérieux, en recourant à un emprunt pour assurer ses paiements et en prélevant une part des bénéfices de l'exploitation pour rembourser ledit emprunt.

Le premier moyen me semble dangereux. L'exécution de travaux en régie expose toujours à des lenteurs, à un manque d'unité et à un défaut d'économie qui prendraient des proportions très sérieuses dans une opération technique aussi complexe que celle dont nous nous occupons.

Le second moyen ne me semble pas pouvoir se concilier avec les habitudes du pays et pourrait créer, à un moment donné, des embarras sérieux, en donnant à une Compagnie, quels qu'en soient les éléments, la propriété ou même la simple jouissance momentanée, d'une partie du terrain conquis sur les eaux.

Reste donc le troisième moyen que je crois praticable et que je vais développer.

Le gouvernement s'adresserait à un grand entrepreneur, qui aurait à pourvoir à tous les achats, aux embauchages d'ouvriers, aux installations, à l'organisation des chantiers en un mot, et qui en assurerait le fonctionnement suivant le programme adopté pour les travaux. Le paiement de toutes les dépenses serait garanti par les ressources que le gouvernement aurait à se créer à l'avance dans une mesure assez large pour parer à toutes les éventualités.

Le montant total de la dépense ayant été évalué à 60,000,000 et les travaux étant répartis sur un petit nombre d'années, il est évident que le gouvernement ne saurait compter sur ses revenus ordinaires pour faire face à des frais aussi considérables que ceux résultant d'un pareil programme.

Comme d'un autre côté, les bénéfices à attendre de l'opération sont immanquables et atteignent un chiffre très élevé, il ne saurait être difficile de réaliser un emprunt dans des conditions satisfaisantes. Seulement, la période des bénéfices sérieux ne devant commencer qu'après un certain délai, il faudra trouver une combinaison qui permette de rembourser l'emprunt à la fois dans le temps le plus court et en graduant avec prudence l'amortissement. Après plusieurs essais, voici une combinaison assez simple dont l'application se justifiera ci-après.

Emprunt de 75,000,000 fr. réalisable au moyen de 250,000 obligations de 300 fr. portant intérêt à 7 %, à verser par tiers, au commencement de chacune des trois premières années, et à rembourser en quinze années, par tirages annuels, en fin d'année, aux quantités suivantes :

1re année	....	1,000	obligations
2me »	....	2,000	»
3me »	....	3,000	»
4me »	....	4,000	»
5me »	....	5,000	»
6me »	....	6,000	»
7me »	....	7,000	»
8me »	....	8,000	»
9me »	....	9,000	»
10me »	....	10,000	»
11me »	....	33,000	soit 11,000 × 3
12me »	....	36,000	» 12,000 × 3
13me »	....	39,000	» 13,000 × 3
14me »	....	42,000	» 14,000 × 3
15me »	....	45,000	» 15,000 × 3
Ensemble	.....	250,000	obligations.

Je porte à 75,000,000 le chiffre de l'emprunt, pour tenir compte de l'imprévu et des intérêts jusqu'au jour où le revenu du terrain sera suffisant. Je suppose l'intérêt de 7 % par an, assez raisonnable, pour une opération financière faite par le gouvernement égyptien, qui pourra, au besoin, y ajouter l'attrait de lots. Les versements et les remboursements sont échelonnés d'après les besoins successifs et les ressources de l'avenir, ainsi que le démontre le rapprochement qui va suivre des dépenses à faire et des fonds disponibles année par année.

Première année.

Recettes.

Premier versement de l'emprunt, opéré en janvier. . . . . F.	25,000,000
Comme les paiements à faire seront répartis entre toute l'année, les fonds consacrés à ces paiements pourront être placés, an lieu d'être conservés sans intérêts, en attendant leur emploi. Pour plus de clarté, je supposerai, au chapitre des recettes, tous les fonds placés pendant l'année entière, et, par contre, au chapitre des dépenses, je porterai à déduire l'intérêt de la moitié (proportion plutôt exagérée) de la dépense effective. Quant à l'intérêt du placement, on peut admettre le même que pour l'emprunt, car le gouvernement trouvera sans doute des facilités pour faire valoir à ce taux. Ci, pour le produit du placement des fonds	1,750,000
A reporter . . . F.	26,750,000

Report	26,750,000
Produit de la pêche.	3000,,000
Total des recettes de la première année. . . . . F.	29,750,000

Dépenses.

Les terrassements à sec, d'une importance totale de 12,200,000 mètres cubes, devront être exécutés en 3 années d'une manière continue. Les frais y relatifs ayant été évalués à 1 fr. par mètre cube, la dépense de ce chef, pour la première année, s'élèvera à 12,200,000 × 1/3, mettons. . . . . F.	4,200,000
Les terrassements sous l'eau seront exécutés simultanément pour tous les canaux. Il faudra donc acheter, dès la première année, tout le matériel des 15 dragues nécessaires. D'où (partie VI), une dépense de, ci.	5,250,000
La dépense pour les dragages se répartira, cette même année, en :	
Main d'œuvre 1,053,000 × 1/3, ci. . . .	351,000
Charbon. . . . 2,916,000 × 1/3, ci. . . .	972,000
A reporter . . . F.	10,773,000

Report	10,773,000
Entretien. . . . 3,150,000 × 1/3, ci. . . .	1,050,000
Il n'y aura, naturellement, rien à dépenser, jusqu'à la 4me année, pour ponts, écluses, épuisements.	
Par contre, on devra affecter :	
Aux installations 3,000,000 × 1/3, ci. .	1,000,000
Aux achats spéciaux 1,500,000 × 1/3, ci.	500,000
Et aux frais généraux.	500,000
Le montant des travaux de la 1re année sera donc de.	13,823,000
D'après l'observation faite au sujet du placement des fonds, il faudra ajouter à la somme de 13,823,000 fr. ci-dessus l'intérêt de la moitié de son montant, pour tenir compte du déplacement partiel correspondant ; ci, $\frac{13,823,000 \times 0,07}{2}$ en chiffres ronds	484,000
Enfin, il faut ajouter aux dépenses le paiement des intérêts des versements opérés, ci 25,000,000, × 0,07, ou. . . .	1,750,000
Plus le remboursement de 1.000,000 obligations à 300 fr. ci.	300,000
Total des dépenses de la première année. . . . . F.	16,357,000

Deuxième année.

Recettes.

Reste de la première année 29,750,000 — 16,357,000 ci, ... F.	13,393,000
Deuxième versement de l'emprunt . F.	25,000,000
Produit du placement des deux sommes ci-dessus, en chiffres ronds . . . . F.	2,688,000
Produit de la pêche . . . . F.	3,000,000
Total des recettes de la deuxième année . . . . , . . . F.	44,081,000

Dépenses.

Terrassements à sec . . . . F.	4,000,000
Dragages { Main-d'œuvre . . . . . . F.	351,000
Dragages { Charbon . . . . F.	972,000
Dragages { Entretien . . . . F.	1,050,000
Installations . . . . F.	1,000,000
Achats spéciaux . . . . F.	500,000
Frais généraux . . . . F.	500,000
Montant des travaux . . . . F.	8,373,000
Intérêts de moitié de la somme ci-dessus, en chiffres ronds, ci . . . . F.	293,000
A reporter . . F.	8,666,000

Report	8,666,000
Intérêts de la partie non-remboursée de l'emprunt (50,000,000 — 300,000), ci . . . . F.	3,479,000
Remboursement de 2,000 obligations F.	600,000
Total des dépenses de la deuxième année . . . . F.	12,745,000

Troisième année.

Recettes.

Reste de la deuxième année (44,081,000 — 12,745,000), ci . . . . F.	31,336,000
Troisième versement de l'emprunt . F.	25,000,000
Produit du placement des deux sommes ci-dessus, en chiffres ronds . . . . F.	3,944,000
Produit de la pêche . . . . F.	3,000,000
Total des recettes de la troisième année . . . . F.	63,280,000

Dépenses.

Terrassements à sec	F.	4,000,000
Dragages — Main-d'œuvre	F.	351,000
Dragages — Charbon	F.	972,000
Dragages — Entretien, etc.	F.	1,050,000
Installations	F.	1,000,000
Achats spéciaux	F.	500,000
Frais généraux	F.	500,000
Montant des travaux	F.	8,373,000
A reporter	F.	8,373,000

Report. . . . . F.	8,373,000
Intérêts de moitié de la somme ci-dessus, en chiffres ronds . . . . F.	293,000
Intérêts de la partie non remboursée de l'emprunt (75,000,000 — 900,000) ci . . . . F.	5,187,000
Remboursement de 3,000 obligations F.	900,000
Total des dépenses de la troisième année . . . . F.	14,753,000

Quatrième année.

Recettes.

Reste de la troisième année (63,280,000 —14,753,000), ci . . . . F.	48,527,000
Produit du placement de ladite somme, en chiffres ronds . . . . F.	3,397,000
La pêche ne donnera plus de produits en argent (partie VII); mais la récolte du sel donnera . . . . F.	750,000
Total des recettes de la quatrième année . . . . F.	52,674,000

Dépenses.

Avec les trois premières années, on aura terminé tout ce qui concernera les terrassements à sec et sous l'eau, les installations et les achats spéciaux. Il y aura, dès lors, à s'occuper, avant tout, des ponts, des écluses, des pertuis, des barrages, puis des épuisements. La totalité des frais relatifs aux ponts, écluses, barrages, devra porter exclusivement sur la 4me année, car il conviendra de pousser avec toutes les ressources l'exécution des travaux en question, préliminaire forcé de l'épuisement. Ci, les dits frais, s'élevant à :

Pour les 4 écluses (partie VI). . . . F.	2,000,000
Pour les 30 ponts à pertuis . . . . . F.	1,500,000
Pour les 19 barrages. . . . . F.	500,000

Les épuisements en vue de la culture à proprement parler ne seront pas très importants dans le cours de la 4me année. Mais, en revanche, il faudra faire beaucoup d'épuisements pour les fondations des ponts, des écluses et des barrages empierrés; et, par conséquent, il y a lieu de porter au budget de la dite année, d'une part, l'achat de tout le matériel d'épuisements, d'autre part, le fonction-

A reporter . . . . F.	4,000,000

Report. . . . . . F. 4,000,000

nement de ce matériel correspondant à une année entière, ce qui se résume comme suit (partie VI):

Achat du matériel d'épuisement. F.		3,260,000
Epuisements	Main-d'œuvre 6 millions 912,000 × 1/4 . . . F.	1,728,000
	Charbon 11,520,000×1/4	2,880,000
	Entretien 652,000 × 1/4	163,000
Frais généraux		500,000
Montant des travaux. . . . . F.		12,531,000
Intérêts de moitié de la somme ci-dessus, en chiffres ronds . . . . F.		439,000
Intérêts de la partie non remboursée de l'emprunt (75,000,000 — 1,800,000), ci. . . . . F.		5,124,000
Remboursement de 4,000 obligations F.		1,200,000
Total des dépenses de la quatrième année. F.		19,294,000

Cinquième année.

Recettes.

Reste de la quatrième année (52,674,000—19,294,000), ci . . . . . F. 33,380,000

A reporter . . . F. 33,380,000

Report. . . . F. 33,380,000

Produit du placement de la dite somme, en chiffres ronds . . . . F. 2,336,000

Produit du sel . . . . F. 750,000

Total des recettes de la cinquième année . . . . F. 36,466,000

Dépenses.

Epuisements	Main-d'œuvre . . . . . . F.	1,728,000
	Charbon . . . . F.	2,880,000
	Entretien, etc. . . . . . F.	163,000
Frais généraux . . . . F.		500,000

Montant des travaux . . . . F. 5,271,000

Intérêts de moitié de la somme ci-dessus, en chiffres ronds . . . . F. 184,000

Intérêts de la partie non-remboursée de l'emprunt (75,000,000—3,000,000) F. 5,040,000

Remboursement de 5,000 obligations F. 1,500,000

Total des dépenses de la cinquième année . . . . F. 11,995,000

Sixième année.

Recettes.

Reste de la cinquième année 36 millions 466,000 — 11,995,000), ci . . . . F. 24,471,000

A reporter. . . . F. 24,471,000

Report . . . . . . F.	24,471,000
Produit du placement de la dite somme, en chiffres ronds . . . . F.	1,713,000
Produit du sel . . . . . , ... F.	750,000
Rapport de la superficie déjà mise en culture (partie VII) . . . . F.	2,250,000
Total des recettes de la sixième année . . . . F.	29,184,000

Dépenses.

Montant des travaux (comme pour la cinquième année) . . . . F.	5,271,000
Intérêts de moitié de la dite somme, en chiffres ronds . . . . F.	184,000
Intérêts de la partie non remboursée de l'emprunt (75,000,000 — 4,500,000), ci . . . . F.	4,935,000
Remboursement de 6,000 obligations F.	1,800,000
Total des dépenses de la sixième année . . . . F.	12,190,000

Septième année.

Recettes.

Reste de la septième année (29 millions 184,000—12,190,000), ci . . . . F.	16,994,000
A reporter. . . . F.	16,994,000

Report . . . F. 16,994,000

Produit du placement de la dite somme, en chiffres ronds . . . . F. 1,190,000

Produit du sel . . . . F. 750,000

Rapport de la superficie mise en culture . . . . F. 4,500,000

Total des recettes de la septième année . . . . F. 23,434,000

Dépenses.

Montant des travaux (comme pour la cinquième et la sixième année)....... F. 5,271,000

Intérêts de moitié de la dite somme, en chiffres ronds.................. F. 184,000

Intérêts de la partie non remboursée de l'emprunt (75,000,000—6,300,000), ci F. 4,809,000

Remboursement de 7,000 obligations F. 2,100,000

Total des dépenses de la septièm eannée............................ F. 12,364,000

Huitième année.

Recettes

Reste de la septième année (23,434,000 — 12,364,000), ci. . . . . F. 11,070,000

A reporter. . . . . F. 11,070,000

Report . . . F.	11,070,000
Produit du placement de la dite somme en chiffres ronds......................	775,000
Plus de récolte de sel appréciable.....	»
Rapport de la superficie mise en culture	6,750,000
Total des recettes de la huitième année..............................F.	18,595,000

Dépenses

Les travaux préparatoires seront finis.	»
Intérêts de la partie non remboursée de l'emprunt (75,000,000—8,400,000) ci, F.	4,662,000
Remboursement de 8,000 obligations	2,400,000
Total des dépenses de la huitième année..............................	7,062,000

Neuvième année.

Recettes.

Reste de la huitième année (18,595,000 — 7,062,000), ci....................F.	11,533,000
Produit du placement de la dite somme, en chiffres ronds....................	807,000
Rapport du terrain cultivé............	9,000,000
Total des recettes de la neuvième année..............................F.	21,340,000

Dépenses.

Intérêts de la partie non remboursée de l'emprunt (75,000,000 — 10,800,000, ci.... ....F.	4,494,000
Remboursement de 9,000 obligations	2,700,000
Total des dépenses de la neuvième année................................F.	7,194,000

Dixième année.

Recettes.

Reste de la neuvième année (21,340,000 — 7,194,000), ci. . . . . F.	14,146,000
Produit du placement de la dite somme, en chiffres ronds	990,000
Rapport du terrain cultivé	9,600,000
Total des recettes de la dixième année.............................. F.	24,736,000

Dépenses.

Intérêts de la partie non rembourséede l'emprunt(75,000,000—13,500,000),ciF.	4,305,000
Remboursement de 10,000 obligations	3,000,000
Total des dépenses de la dixième année.......................... ..... F.	7,305,000

Onzième Année.

Recettes.

Reste de la dixième année (24,736,000 —7,305,000), ci .... F.	17,431,000
Produit du placement de la dite somme, en chiffres ronds	1,220,000
Rapport du terrain cultivé .... F.	10,200,000
Total des recettes de la onzième année .... F.	28,851,000

Dépenses.

Intérêts de la partie non remboursée de l'emprunt (75,000,000—16,590,000), ci .... F.	4,095,000
Remboursement de 33,000 obligations,	9,900,000
Total des dépenses de la onzième année .... F.	13,995,000

Douzième Année.

Recettes.

Reste de la onzième année (28,851,000 —13,995,000), ci.................. F.	14,856,000
Produit du placement de la dite somme en chiffres ronds...............	1,040,000
Rapport du terrain cultivé..... F.	10,800,000
Total des recettes de la douzième année............................ F.	26,696,000

Dépenses.

Intérêts de la partie non remboursée de l'emprunt (75,000,000—26,400,000), ci F.	3,402,000
Remboursement de 36,000 obligations	10,800,000
Total des dépenses de la douzième année. F.	14,220,000

Treizième Année.

Recettes.

Reste de la douzième année (26,696,000 —14,202,000), ci. . . . . F.	12,494,000
Produit du placement de la dite somme, en chiffres ronds. . . . . F.	874,000
Rapport du terrain cultivé. . . . . F.	11,400,000
Total des recettes de la treizième année . . . . F.	24,768,000

Dépenses

Intérêts de la partie non remboursée de l'emprunt (75,000,000 — 37,200,000), ci. . . . . F.	2,646,000
Remboursement de 39,000 obligations.	11,700,000
Total des dépenses de la treizième année. . . . . F.	14,346,000

Quatorzième année.

Recettes

Reste de la treizième année (24,768,000 — 14,346,000), ci... .... F.	10,422,000
Produit du placement de la dite somme, en chiffres ronds...................	729,000
Rapport du terrain cultivé...........	12,000,000
Total des recettes de la quatorzième année............................ F.	23,151,000

Dépenses.

Intérêts de la partie non remboursée de l'emprunt (75,000,000 — 48,900,000), ci............... ....F.	1,827,000
Remboursement de 42,000 obligations	12,600,000
Total des dépenses de la quatorzième année .... F.	14,427,000

Quinzième année.

Recettes

Reste de la quatorzième année (23 millions, 151,000—14,427,000), ci ..... F.	8,724,000
Produit du placement de la dite somme en chiffres ronds.......	611,000
Rapport du terrain cultivé.........	12,600,000
Total des recettes de la quinzième année..............................F.	21,935,000

Dépenses.

Intérêts de la partie non remboursée de l'emprunt (75,000,000— 61,500,000), ci.................................. F.	945,000
Remboursement de 45,000 obligations.	13,500,000
Total des dépenses de la quinzième année............................ F.	14,445,000

Ainsi, il est bien démontré qu'avec la combinaison proposée, l'amortissement aura lieu sans difficultés et sans lacunes, en quinze années, avec un reliquat de (21,935,000 — 14,445,000 = 7,490,000, qui couvrirait le montant des lots.

A partir de la seizième année, le gouvernement ayant libéré sa dette, n'aura plus que des revenus nets, savoir, comme il a été déjà dit (partie VII) :

La seizième année.............	F.	13,200,000
La dix-septième ».	F.	13,800,000
La dix-huitième »	F.	14,400,000
La dix-neuvième »	F.	15,000,000
La vingtième et chacune des suivantes	F.	15,000,000

IX.

Créations consécutives au nouvel état de choses à réaliser.

Si heureuse que soit la transformation radicale opérée en mettant en culture le bassin du lac Menzaleh, les travaux considérables exécutés pour arriver à ce but n'auraient qu'un résultat incomplet, si l'on n'en profitait pas pour créer, dans toute la région ainsi ajoutée aux ressources de l'Egypte, des voies de communication en rapport avec les nouveaux besoins.

L'ouverture du Canal maritime, en même temps qu'elle aura amené dans cette région une population laborieuse et qu'elle aura donné la vie à toute une partie de l'Egypte autrefois déserte, entraînera forcément un mouvement spécial d'attraction et fera surgir des nécessités auxquelles on n'eût jamais songé auparavant. Il est devenu évident, par exemple, par le développement rapide de Port-Saïd, par celui d'Ismaïlia, par celui de Kantara, que ces trois points sont appelés à jouer désormais un rôle dans la prospérité du pays : Port-Saïd, comme un port considérable de l'accès le plus facile, et comme tête de ligne du canal ; Ismaïlia, comme ville à la fois de plaisance et d'industrie, au port intérieur admirablement apte à servir de débouché et de point d'introduction entre le cœur de la Basse-Egypte et l'Europe ou l'extrême

Orient ; Kantara, avec une importance naturellement beaucoup moindre, mais qui s'affirme chaque jour par une augmentation spontanée et remarquable de sa population, comme point de passage entre l'Egypte et la Syrie.

L'Egypte manquerait donc à la mission de progrès qu'elle remplit si heureusement, en négligeant les avantages à tirer de la situation de la contrée que nous considérons.

Déjà, le creusement des deux canaux d'eau douce CC' et DD', d'Abou-Ahmet et de Néfiche à Kantara, en faisant affluer l'eau, sans machines et uniquement en utilisant la surélévation des prises d'eau du dessus du niveau du terrain à Kantara, aura pour effet d'approvisionner avec abondance Kantara d'abord et toute la première partie de la route de Syrie. Mais, qui ne voit immédiatement tous les autres changements que ce travail peut et doit entraîner dans un avenir très prochain ?

En premier lieu, avant même que soit ouvert et rempli d'eau réellement potable le canal II', à creuser dans le bassin du lac Menzaleh, parallèlement au Canal maritime, entre Kantara et Port-Saïd, il se passera plusieurs années. Pendant cette période, pourquoi ne pas faire servir les canaux supérieurs CC' et DD', à alimenter Port-Saïd par des conduites ? Une fois l'exécution des travaux du Canal maritime terminée, il n'y aura plus aucun intérêt à conserver des agglomérations d'hommes absolument sur toute la ligne des berges. Tous les campements actuels qui bordent le Canal maritime dans les parties les plus élevées pourront donc être supprimées, et, dès lors, il ne sera plus indispensable de les approvisionner d'eau douce par des procédés bien coûteux auxquels la Compagnie du Canal de Suez a été obligée de recourir, alors qu'il lui fallait avoir ses chantiers sur la ligne même du canal. Ces procédés, qui ont été un vrai bienfait, en tant qu'ils remplaçaient l'alimentation par barils portés à dos de chameau (qui fût revenue à un million par mois à un moment donné), occasionnent encore aujourd'hui la dépense énorme de 600,000 fr. par an, pour ne donner qu'une quantité d'eau relativement faible. Très certainement, il faudra plus d'eau que n'en débitent actuellement les conduites Lasseron, dès les premiers temps qui suivront l'ouverture du Canal maritime, eu égard à l'augmentation de la population, aux besoins nouveaux et aux demandes d'eau douce faites par les navires tous les jours plus nombreux.

Or, en amenant l'eau douce, par les canaux CC' et DD', à Kantara et en supprimant l'alimentation des points intermédiaires entre Ismaïlia et Kantara, on aura la possibilité, d'une part, de reporter entre Kantara et Port Saïd les deux conduites en fonte qui existent actuellement entre Ismaïlia et Kantara, d'autre part, d'introduire dans ces deux conduites ajoutées aux deux autres déjà existantes entre Kantara et Port Saïd une quantité d'eau douce deux fois plus considérable qu'aujourd'hui, sans en exagérer la pression. De plus, le niveau de l'eau douce étant supérieur à celui de la mer, de 7 mètres à Abou-Ahmet, origine du canal CC', et de 6 mètres à Néfiche, origine du canal DD', à supposer que l'on donne à ces deux canaux une pente de 2 centimètres par kilomètre (ce qui est bien au-dessus de l'ordinaire), le plafond du canal CC', d'une longueur totale de 80 kilomètres, sera, à Kantara, à 7 mètres moins (80 × 0,02) + 2), soit à 3m 40 au-dessus du niveau de l'eau de mer ; et le plafond du canal DD', d'une longueur de 42 kilomètres, sera, au même point, à 6m moins (42 × 0, 02) + 2), soit à 3m 16 au-dessus du niveau de l'eau de mer. Entre Kantara et Port Saïd, les conduites en fonte, latéralement posées, dans la berge du canal maritime, sont ou peuvent être partout tenues à une hauteur moindre que 3 mètres au-dessus du niveau de la mer. On voit donc que l'on aura, pour remplir les conduites, sans machines, deux immenses réservoirs ayant un écoulement permanent et une surélévation de colonne d'eau plus que suffisante pour assurer un débit considérable. D'où, suppression des machines d'Ismaïlia et réduction de la surveillance des conduites à moitié du parcours. Ce n'est pas exagérer que d'évaluer à 500,000 fr. l'économie annuelle devant résulter de cette disposition. En attendant l'ouverture du canal II', on voit que le gouvernement aura retiré de l'exécution des canaux CC' et DD', indépendamment des services qu'ils sont appelés à rendre pour l'irrigation du bassin du lac Menzaleh, une économie très sensible sur les dépenses des premières années.

En second lieu, la présence de ces deux canaux CC' et DD' n'est-elle pas un acheminement vers la mise en culture de toute la partie la moins élevée de l'immense triangle compris entre Abou-Ahmet, Ismaïlia et Kantara ? Le seul examen du plan indique l'importance de cette autre mise en culture. Il y a là près de 80,000 hectares et, bien que, n'ayant pas parcouru toute cette région, je ne puisse pas indiquer les portions que l'existence de dunes ou d'autres motifs empêcheraient de cultiver, je crois qu'un cinquième de cette surface pourrait être arrosé et ajouté aux terrains productifs de l'Egypte, par l'ouverture d'un réseau convenable de canaux creusés par les colons eux-mêmes.

En troisième lieu, quel avantage pour le commerce avec la Syrie et pour le passage si fréquent de ce côté ne trouverait-on pas à faire un embranchement de chemin de fer entre Abou-Ahmet et Kantara ? Ces conséquences me paraissent comme le complément obligé du projet que j'ai développé. Quand une étendue de pays aussi vaste que celle que comprend la carte jointe à la présente étude est en voie de transformation, toutes les améliorations s'enchaînent, et aucune d'elles ne produit tout son effet si toutes les autres ne sont pas tentées presque simultanément. L'absence de ressources financières seule pourrait servir de limite à l'essor donné. Et encore, les bénéfices à réaliser sont tellement certains, tellement élevés, qu'il y a tout intérêt à faire un sacrifice momentané pour en hâter la réalisation.

En me plaçant à ce point de vue et en m'appuyant sur les plus simples notions d'économie politique, je signalerai encore deux grands travaux à accomplir pour placer du premier coup la nouvelle province acquise à l'Egypte au rang des plus prospères.

C'est, en quatrième lieu, pour reprendre la série des améliorations déjà passées en revue, la création d'un chemin de fer reliant Port-Saïd à Ismaïlia. Cette ligne s'embrancherait avec celle de Suez, longerait le canal d'eau douce DD" et, de Kantara à Port-Saïd, suivrait la digue du canal II'. Suez et Port-Saïd, les deux extrémités du canal maritime, seraient ainsi à six heures de distance.

Enfin, en cinquième lieu, la digue du canal AA', de Damiette à Port-Saïd, digue continue au moyen des ponts en maçonnerie prévus au projet, sera toute préparée pour recevoir une voie ferrée, dont les avantages seraient indiscutables. Damiette reliée à Port-Saïd, c'est un renouvellement d'activité assuré à Damiette; c'est la possibilité, pour cette ville si heureusement située, de retrouver toute la prospérité que la difficulté de la sortie du Nil tend à lui faire perdre; c'est, pour Port-Saïd, indépendamment des ressources que ce port doit tirer de Damiette, par la voie du canal AA' parallèle à cette ligne de chemin de fer, la facilité de faire jouir la population d'excursions salutaires dans de riches campagnes à proximité, car les 50 kilomètres qui séparent Port-Saïd de Damiette seraient désormais franchis en une heure et demie, etc., etc.

En terminant cet exposé succinct des projets que doit suggérer l'examen de la carte, pour l'avenir de la région nord-est de l'Égypte, je répète ce que j'ai dit au début.

Ceci n'est qu'une étude. Je la livre, avec toutes ses imperfections, au jugement de ceux qui s'intéressent aux progrès de l'Égypte. Je voudrais espérer que les données qu'il m'a été permis de réunir et les aperçus que j'ai développés feront faire un pas à la question. Ma conviction profonde est qu'il y a là un grand but à atteindre et que le moment est venu de s'en occuper avec succès.

BIBLIOTHÈQUE NATIONALE R.F. IMPRIMÉS

Ismaïlia, le 1er Octobre 1868.

RITT.

CARTE

DE LA

PARTIE NORD-EST DE L'ÉGYPTE

COMPRENANT

LE BASSIN DU LAC MENZALEH

Pour servir à l'étude de la transformation de ce bassin en terres cultivables.

Echelle de 1 centimètre pour 2 kilomètres.

NOTE. — Les terrains au nord de la route d'Abou-Ahmet à Kantara sont actuellement cultivés jusqu'aux bords du lac Menzaleh.

La région comprise entre cette route, le canal maritime et le chemin de fer depuis Abou-Ahmet jusqu'à Ismaïlia est entièrement sablonneuse et sans culture actuelle.

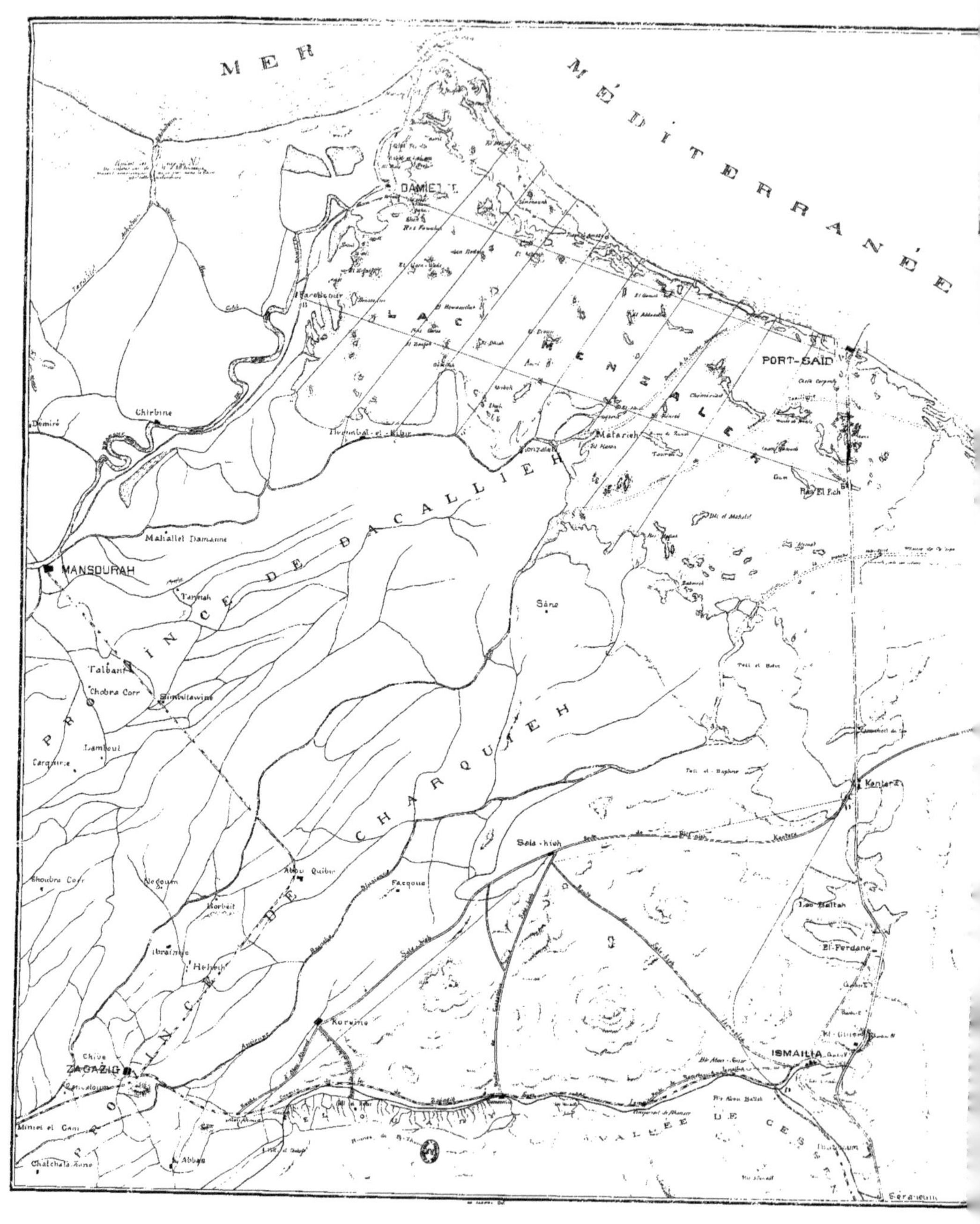

MER MÉDITERRANÉE
DAMIETTE
LAC MENZALEH
PORT-SAID
Chirbine
Demiré
Matarieh
Ras El Esch
MANSOURAH
Mahallet Damanne
PROVINCE DE DACALLIEH
Sâne
Talbant
Chobra Corr
Simbilawine
Lamboul
PROVINCE DE CHARQUIEH
Kentara
Sala-hieh
Abou Quibir
Facous
Negoum
Horbeit
Ibrahimie
Choubra Corr
Koreine
Chive
ZAGAZIG
Minieh el Cam
Abbas
Chalchala Zone
El-Ferdane
ISMAILIA
VALLÉE DE GESSEN
Séra-eum

www.ingramcontent.com/pod-product-compliance
Ingram Content Group UK Ltd.
Pitfield, Milton Keynes, MK11 3LW, UK
UKHW020938180726
13838UKWH00003B/1014